纸样与裁剪基础的基础

パターンから裁断までの基礎の基礎

（日）水野佳子 著
陈新平 韩慧英 译

化学工业出版社
·北京·

本书是《缝纫基础的基础》一书的姐妹篇，讲解了纸样和裁剪相关的基础知识和技巧，从描绘纸样、面料裁剪技巧等都有系统、详细的说明，大量的图文对照让学习者一目了然，不走弯路。适合当做工具书来查阅。看似简单的裁剪，里面的知识点却大有讲究，是裁缝爱好者常备的案头手册。

Publisher of Japanese edition:Sunao Onuma
Book-design : Masami Tate
Photography : Takeshi Fujimoto[BUNKA PUBLISHING BUREAU]
Original Japanese edition published by EDUCATIONAL FOUNDATION BUNKA GAKUEN BUNKA PUBLISHING BUREAU

图书在版编目（CIP）数据

纸样与裁剪基础的基础 /（日）水野佳子著；陈新平，韩慧英译.
—北京：化学工业出版社，2018.8
ISBN 978-7-122-32291-3

Ⅰ.①纸… Ⅱ.①水… ②陈… ③韩… Ⅲ.①纸样设计 ②服装量裁 Ⅳ.①TS941.2

中国版本图书馆CIP数据核字（2018）第112510号

责任编辑：高　雅　　　　责任校对：王素芹

出版发行：化学工业出版社（北京市东城区青年湖南街13号　邮政编码100011）
印　　装：北京东方宝隆印刷有限公司
787mm×1092mm　1/16　印张　6　字数 300 千字　2019年1月北京第1版第1次印刷

购书咨询：010-64518888　售后服务：010-64518899
网　　址：http：//www.cip.com.cn
凡购买本书，如有缺损质量问题，本社销售中心负责调换。

定　　价：59.80元　　

目　录

制作纸型

裁剪

纸型的修正

制作纸型

纸型指的是制作衣服等物品时，在纸上描图并剪下，用来进行布料裁剪的图纸。

制作纸型，便是挑选适合穿着者尺寸的准备工作。

为了避免裁剪后发现有错误，或是开始缝制作时才发现与缝合尺寸无法吻合，

让我们一起学习制作零失误的纸型吧！

工具

制作纸型时，这些都是便利的小帮手！

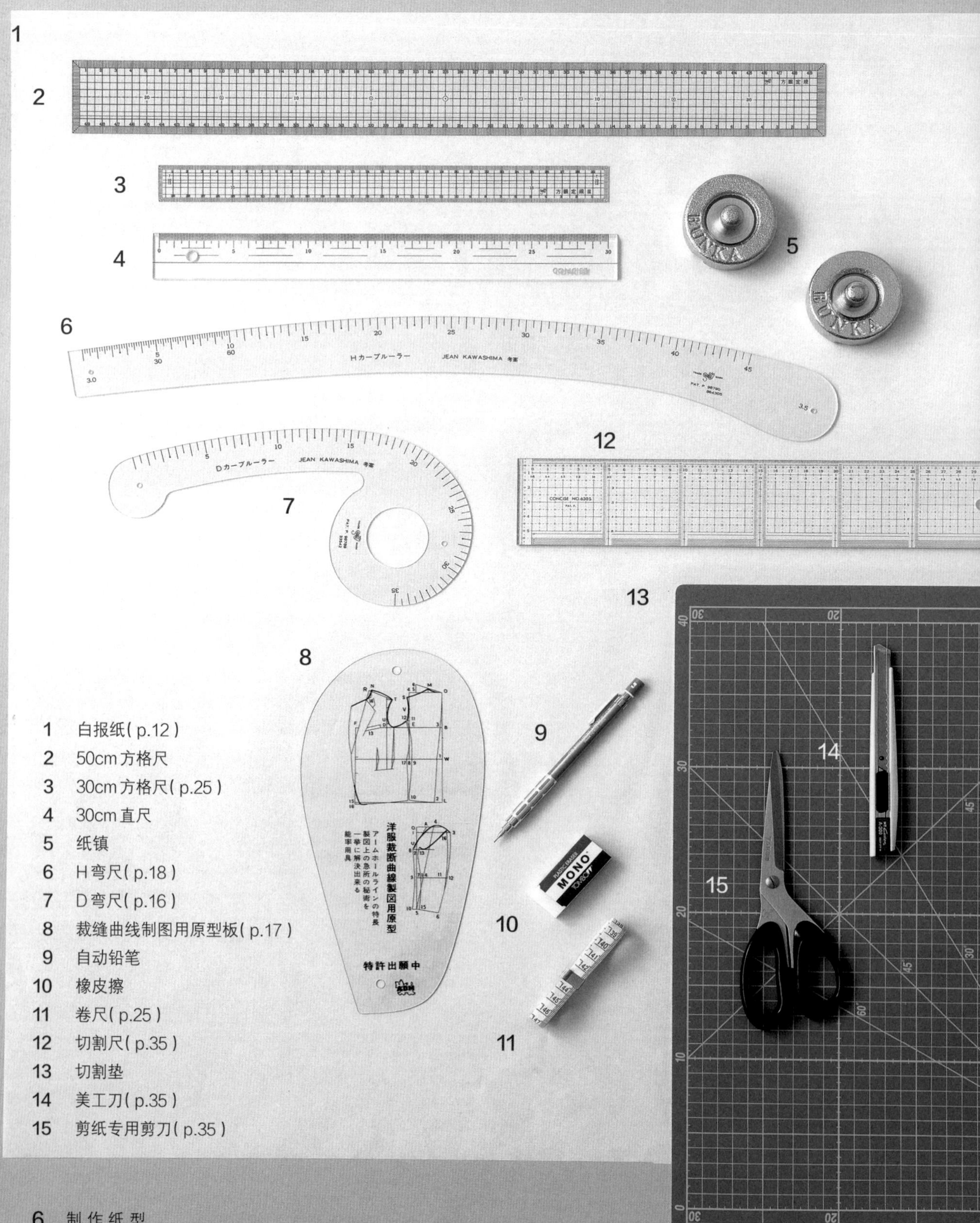

1　白报纸（p.12）
2　50cm方格尺
3　30cm方格尺（p.25）
4　30cm直尺
5　纸镇
6　H弯尺（p.18）
7　D弯尺（p.16）
8　裁缝曲线制图用原型板（p.17）
9　自动铅笔
10　橡皮擦
11　卷尺（p.25）
12　切割尺（p.35）
13　切割垫
14　美工刀（p.35）
15　剪纸专用剪刀（p.35）

纸型的选择方式

从缝纫书附录的原大纸型中，挑选出适合穿着者的尺寸。

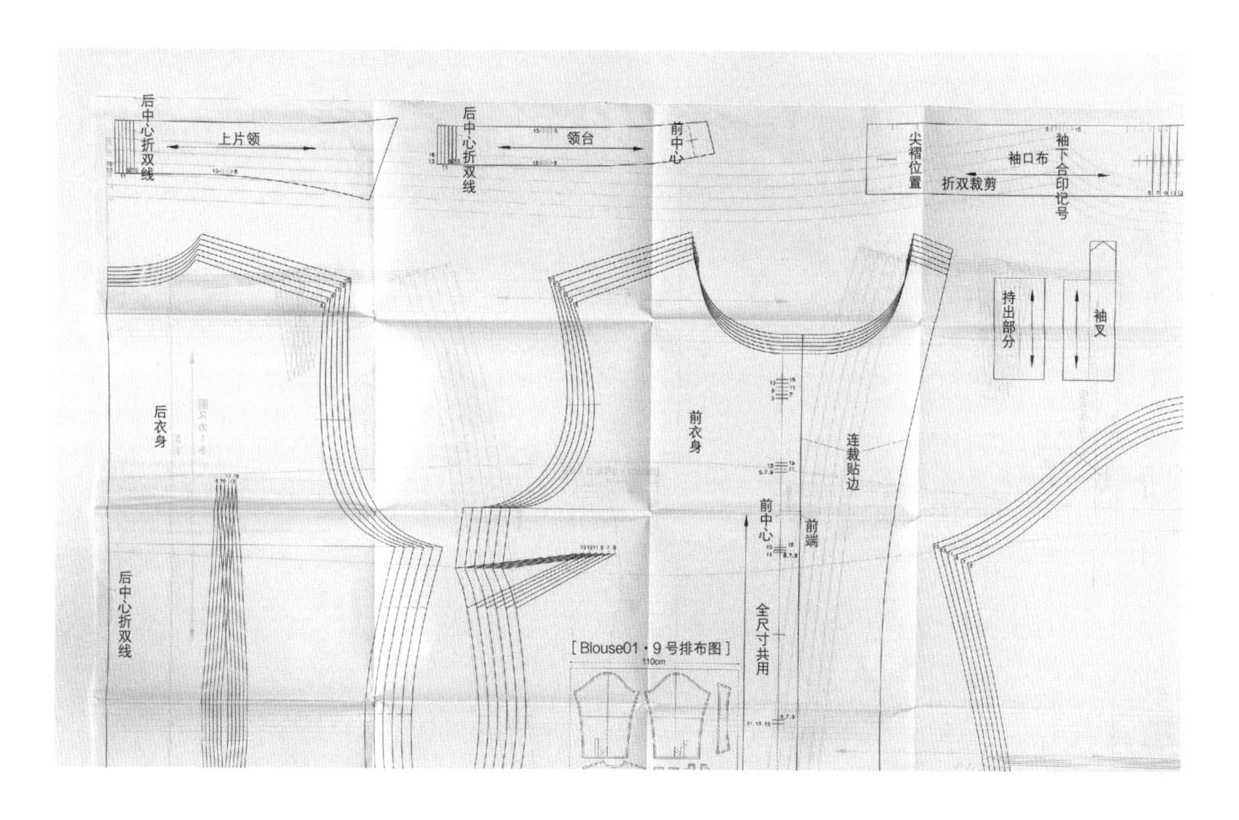

纸型的完成尺寸及参考用身体尺寸

首先，测量穿着者的尺寸。

接着，从缝纫书附录中的尺寸纸型中，挑选出最接近的尺寸。

有的尺寸表会标明纸型的“完成尺寸”及“参考用身体尺寸”，也有的仅附“参考用身体尺寸”。“完成尺寸”指的是含有些许松量的成品尺寸。关于尺寸的松量，会因各个作品或设计而有所差异，试着与“参考用身体尺寸”相互比较，将能帮助我们了解该纸型含有多少松量。

纸型完成尺寸（单位：cm）

	（尺寸）	5	7	9	11	13	15
上衣	胸围	87	90	93	96	99	102
	衣长	61	61.5	62	62.5	63	63.5
	肩宽	34.5	35.5	36.5	37	38	38.5
	袖长	57	57.5	58	58.5	59	59.5
裙子	腰围	62	65	68	71	74	77
	臀围	88	91	94	97	100	103
	裙长	58.6	58.8	59	59.2	59.4	59.6
裤子	腰围	62	65	68	71	74	77
	臀围	89	92	95	98	101	104
	股上（上裆）	24.4	24.7	25	25.3	25.6	25.9
	股下（下裆）	75	75	75	75	75	75

参考尺码

（尺码）	5	7	9	11	13	15
胸围	77	80	83	86	89	92
腰围	60	63	66	69	72	75
臀围	85	88	91	94	97	100

纸型上的记号

纸型上各式各样的记号，都要记住它们的意义！

布纹线

与布边平行对齐。

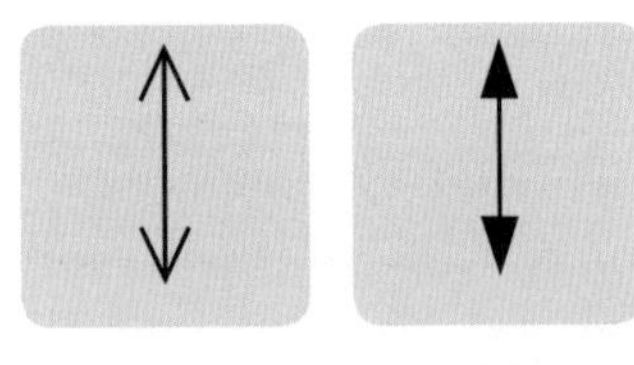

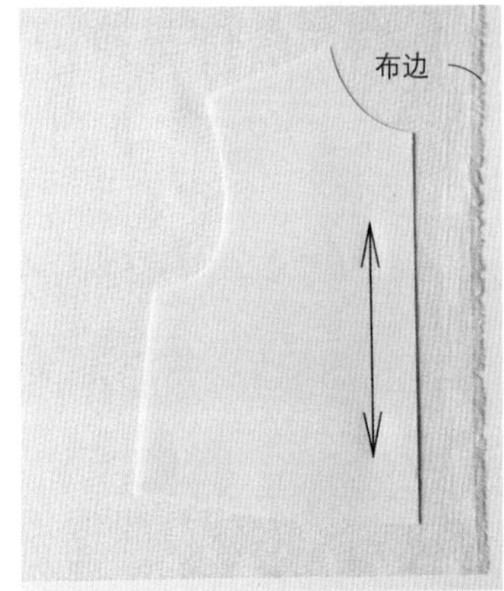

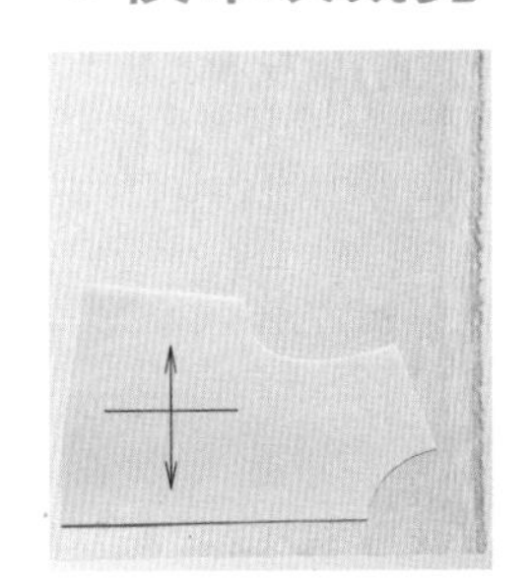

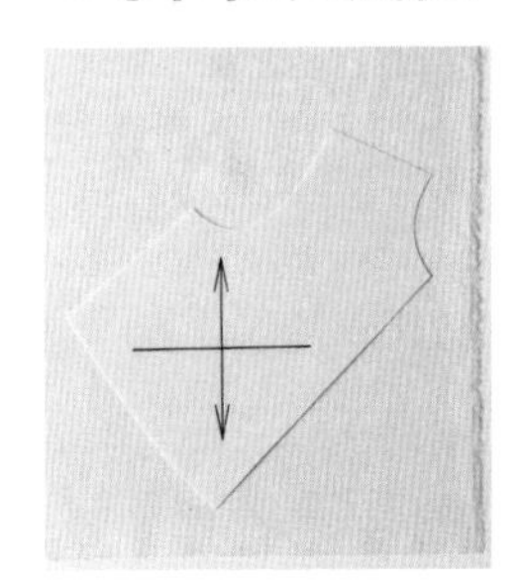

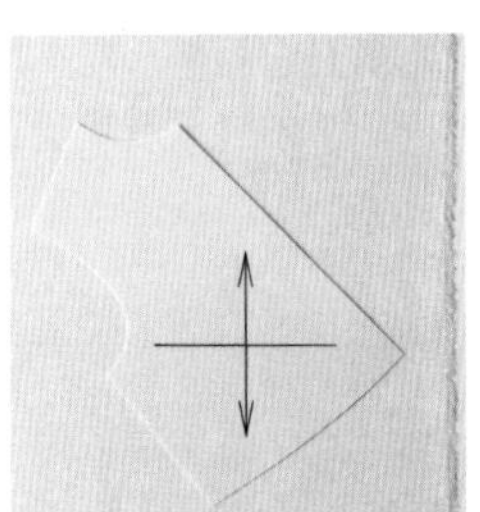

对折裁剪

表示“对折后裁剪”的线条。经常使用中纸型中的前中心、后中心上。

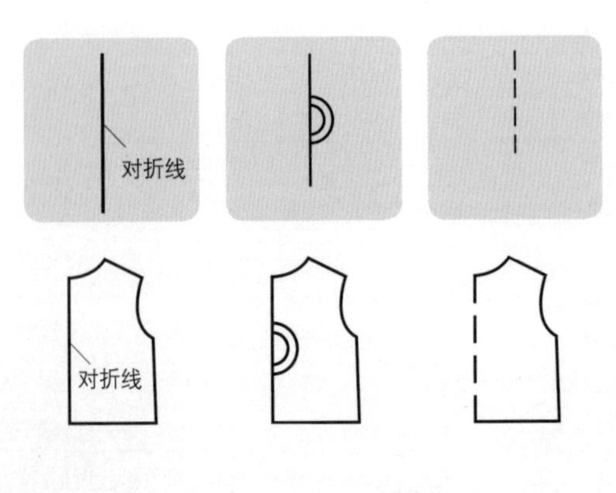

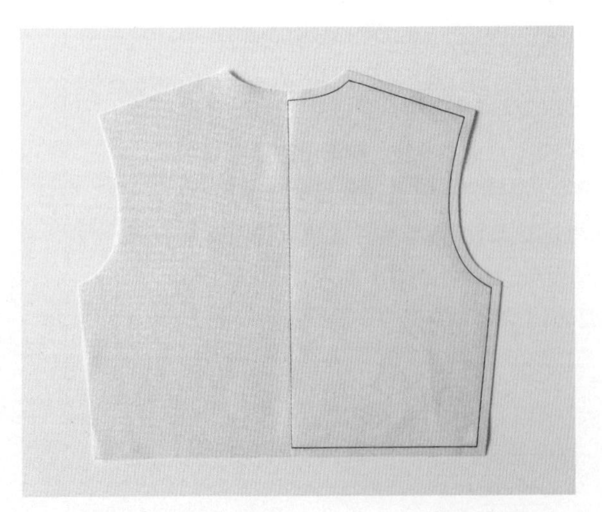

活褶

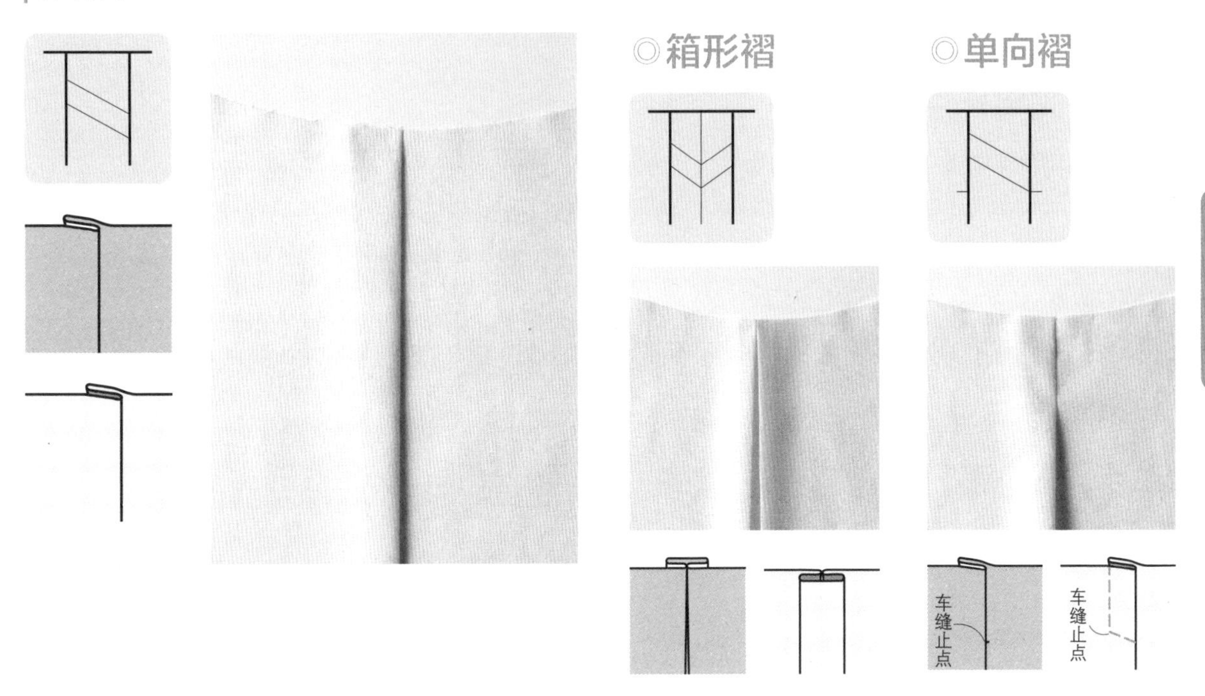

抽褶

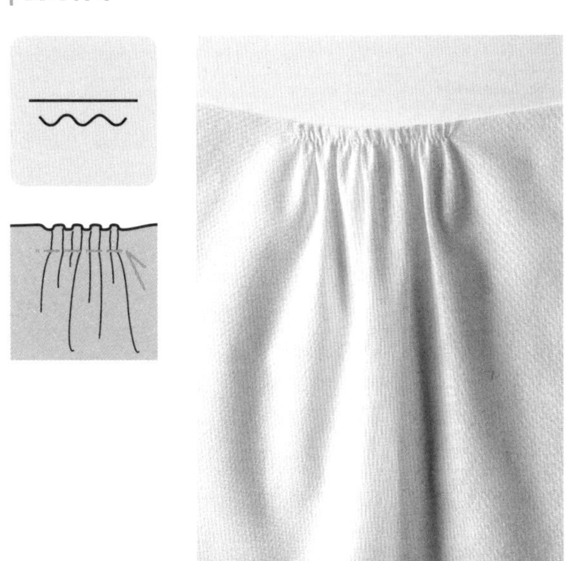

尖褶

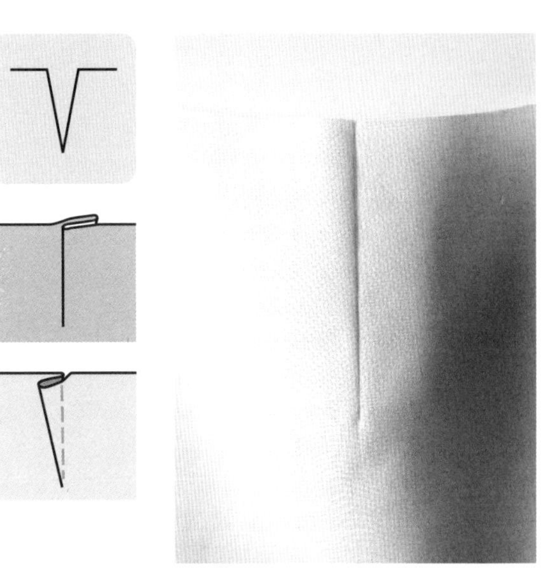

描绘纸型

描绘前，先标注记号

随书附录的原大纸型上，经常有许多不同的作品纸样线条相互交叠着。
因此，决定了想要制作的单品及尺码后，可先利用荧光笔在纸型上标注记号，会更利于辨识。

◎用荧光笔标注主要记号

为了避免在描绘时产生混乱，建议在尺寸、合印记号、角落等处，都先用荧光笔标注记号。

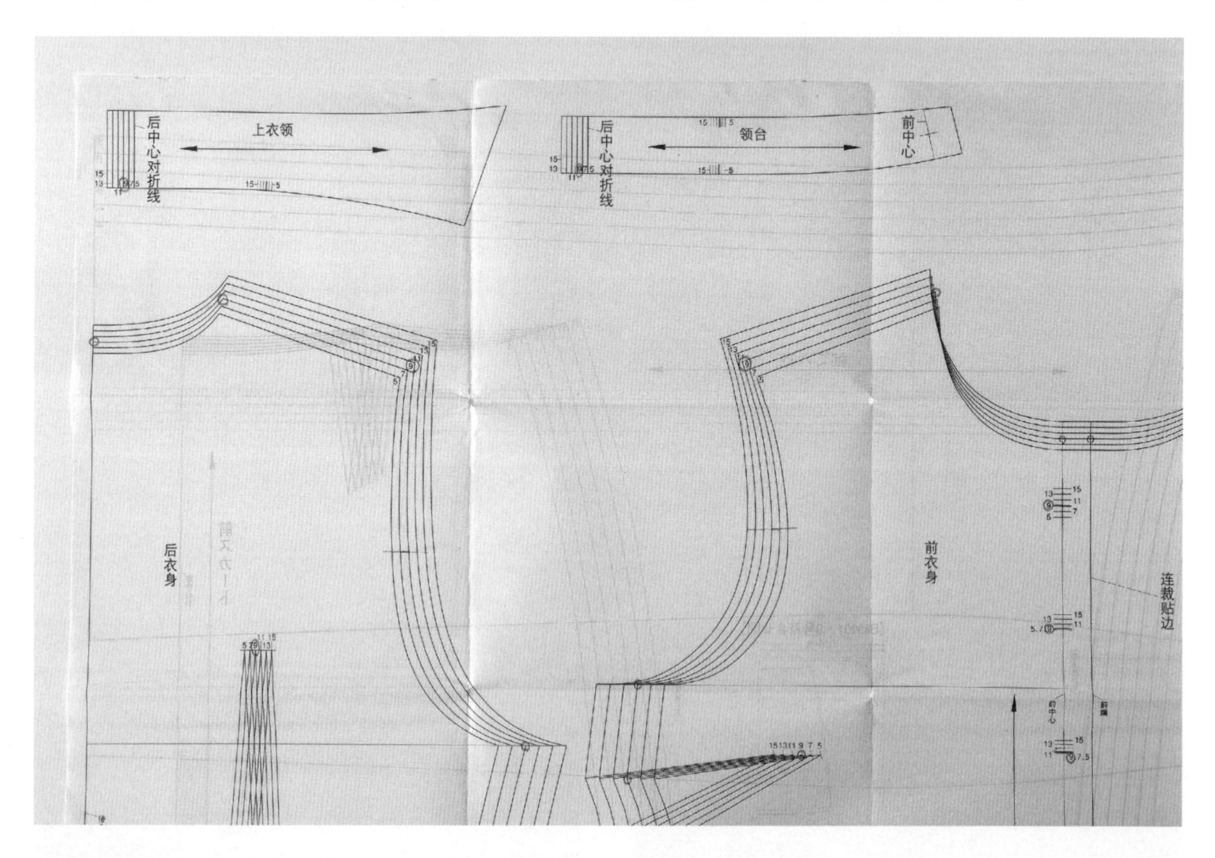

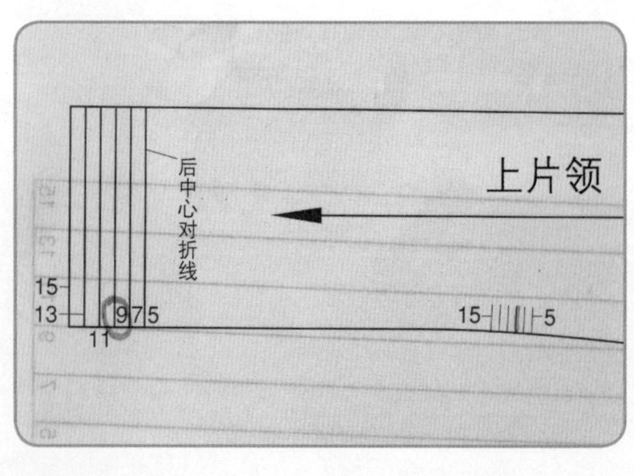

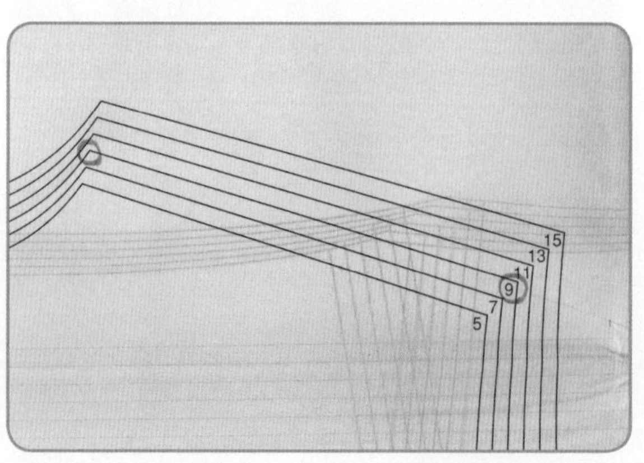

◎粘贴便利标签

若线条较多，可在纸型上粘贴便利标签，以避免错误或漏失。

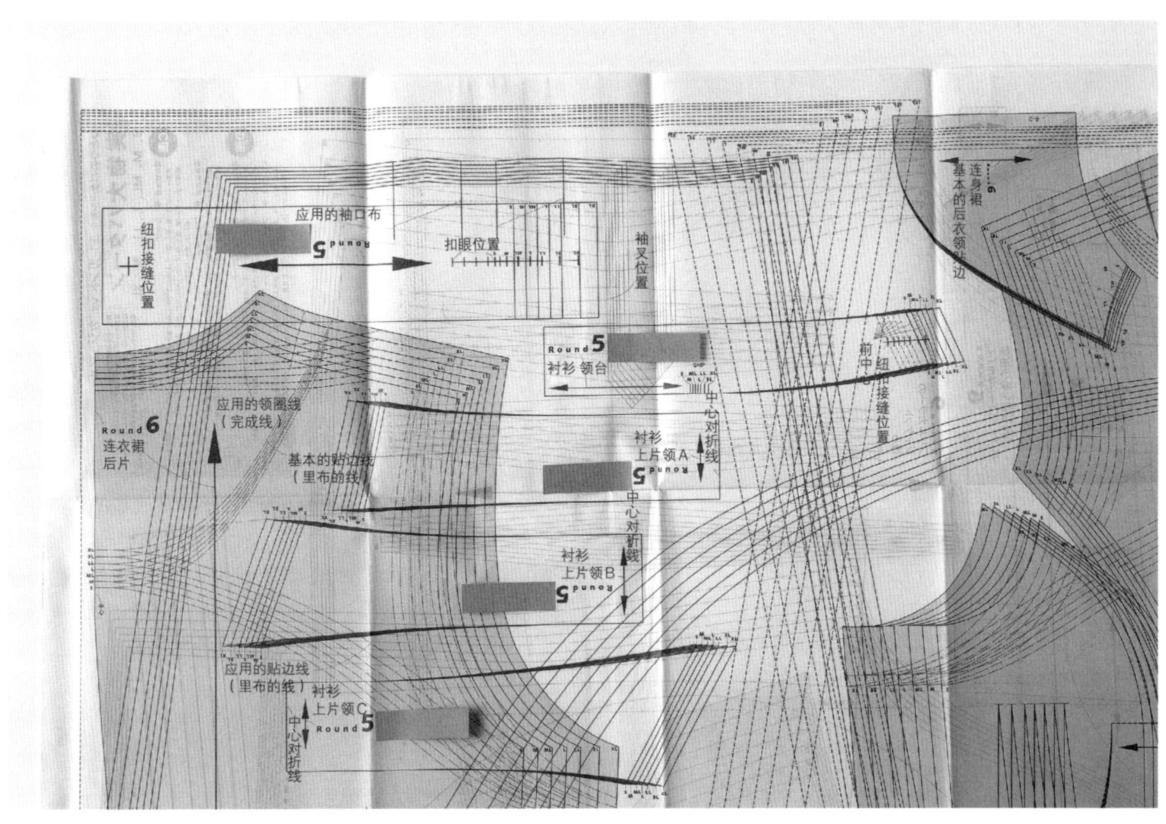

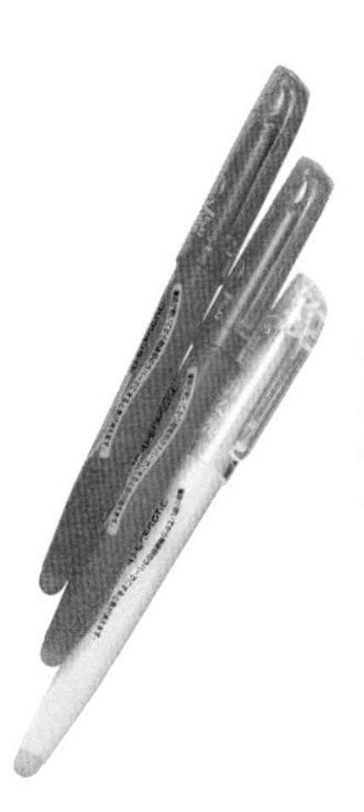

◆荧光笔

选用显色性佳、线条明显的毡布笔尖荧光笔。由于是以酒精为墨水，因此不易褪色。

◆便利标签

便利标签可以粘贴在任何地方，也能轻松撕取。若选用的是黏合力较强的产品，有可能会造成纸张破损，必须注意。

将纸张铺在纸型上

这里用后衣身进行说明。

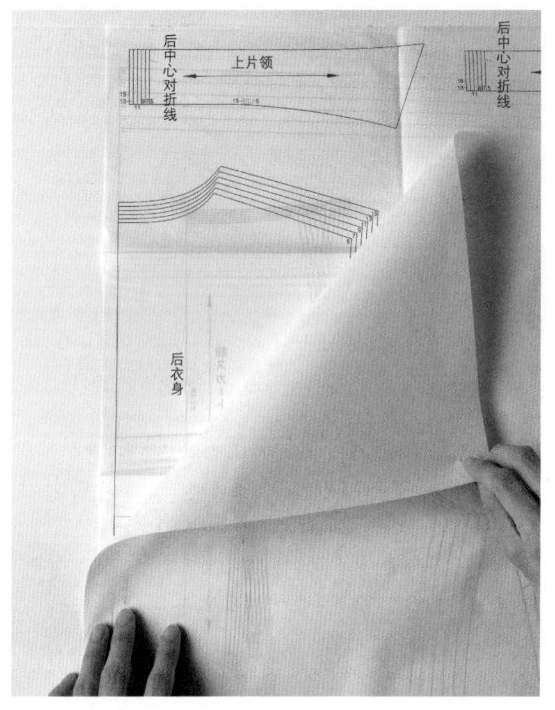

1 将纸张铺在想要描绘的纸型上，并在周围留出些许空白。

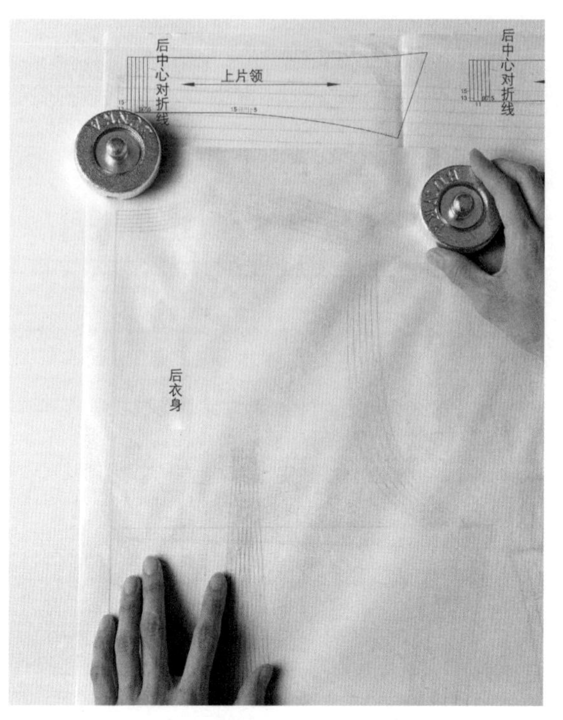

2 将纸镇压上，避免纸张移动。此时要注意纸镇放置的位置，不要影响到描绘的线框。

◆白报纸

单面经过压光处理的工艺用纸。未经过压光处理的那一面，可以用铅笔在上面画线。

描绘直线

从中心线开始绘制。遇上较长的线条，则一边移动直尺，一边画线。

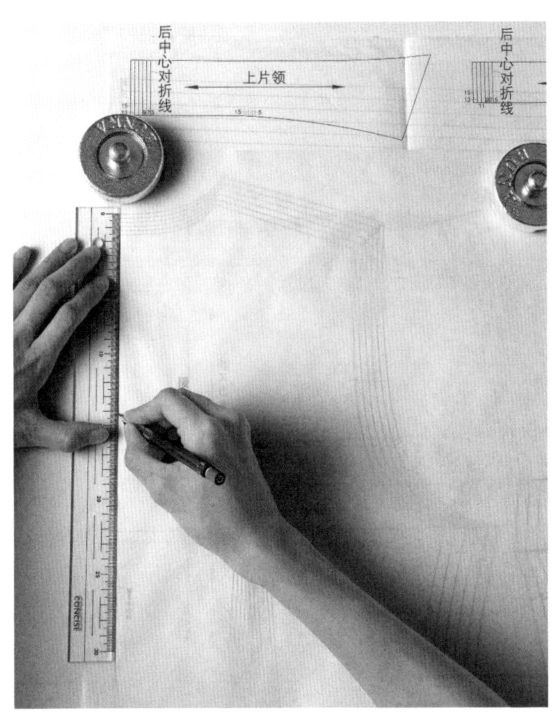

1 将直尺对准透过白报纸可看见的后中心线，在左手压住的范围内进行画线。

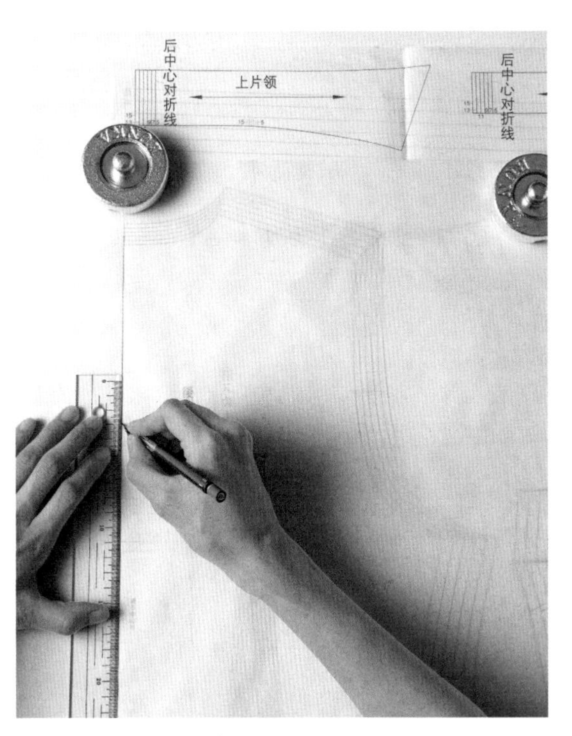

2 画线时，笔尖不离开纸面，仅移动直尺即可。

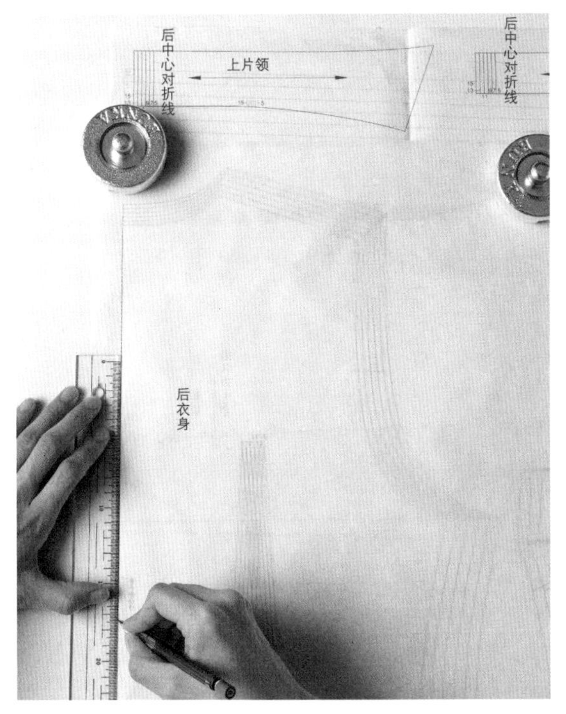

3 重复步骤1、步骤2的做法，继续描绘直线。

从中心线开始往外围方向绘制，并注意角落不要留空隙。

描绘弧线

◎直接手绘

描绘时，尽量让线条连接在一起。

1 根据纸型线框，描绘曲线。

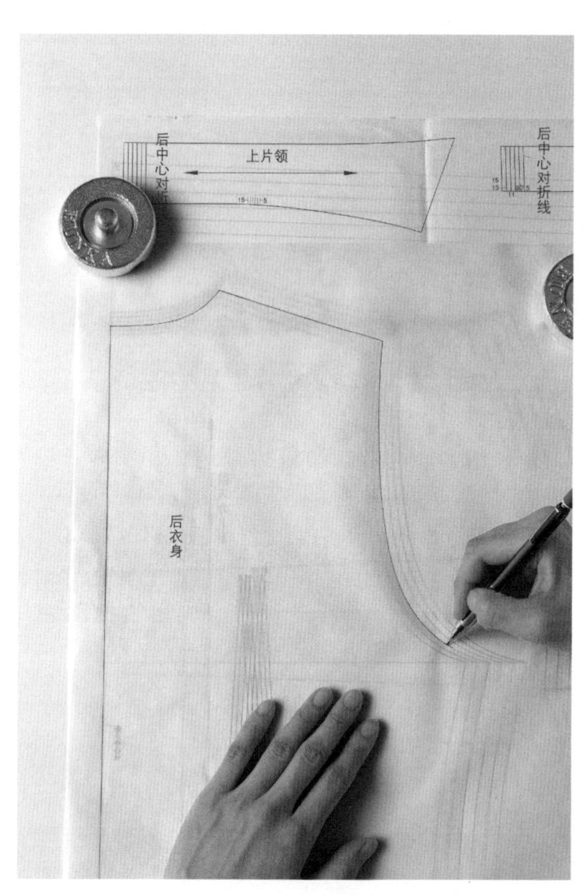

2 弧度较大的部分，则一点一点地绘制。

◎使用直尺

使用直尺一点一点地移动，一边对准曲线，一边画线。

1 根据p.13“描绘直线”的要领，一边一点一点地移动直尺，一边画线。

2 只要笔尖不离开纸面，即可画出完美的弧线。

◎使用D弯尺

一边用弯尺对准纸型的曲线，一边画线。

1　对准领圈部分。

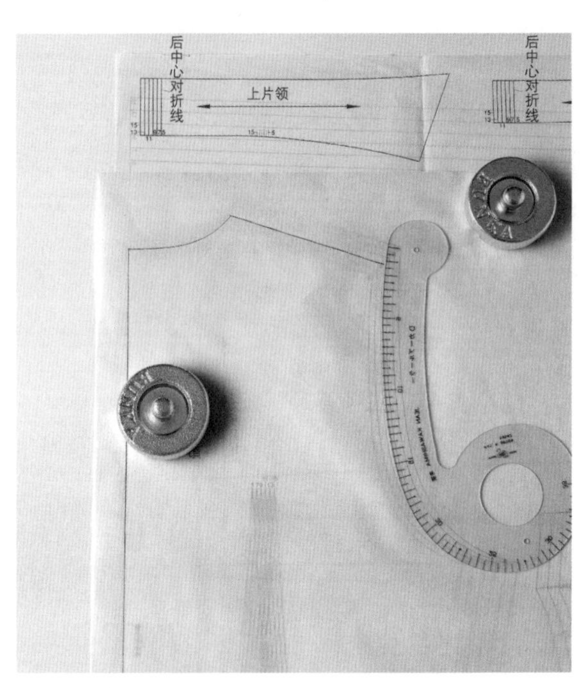

2　对准袖窿部分。

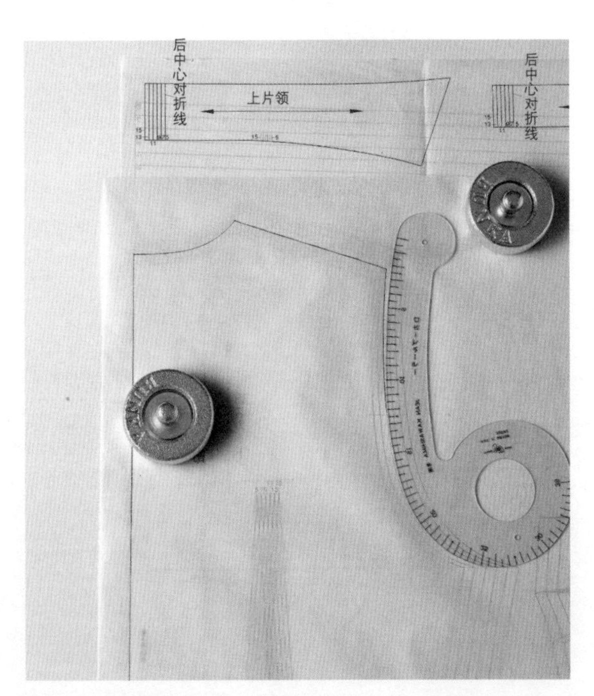

3　一边移动D弯尺，一边对准线框，进行曲线的描绘。

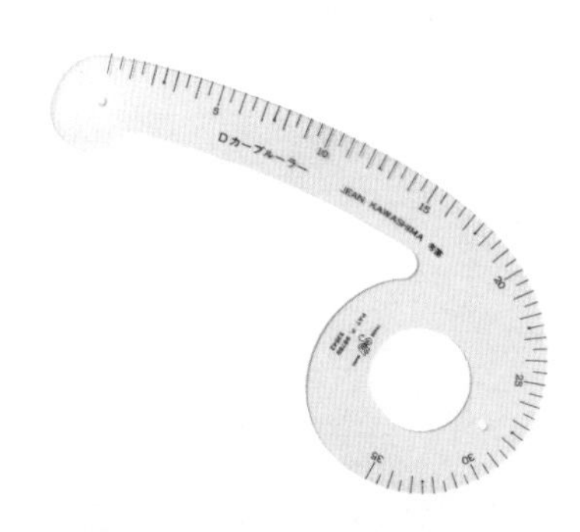

◆D弯尺

D弯尺的“D”是取Deep（深）的首字母而来。在绘制袖窿、领围等弧度较大的弧线时可以使用D弯尺，也可用来测量较长曲线的长度。

◎使用特殊尺

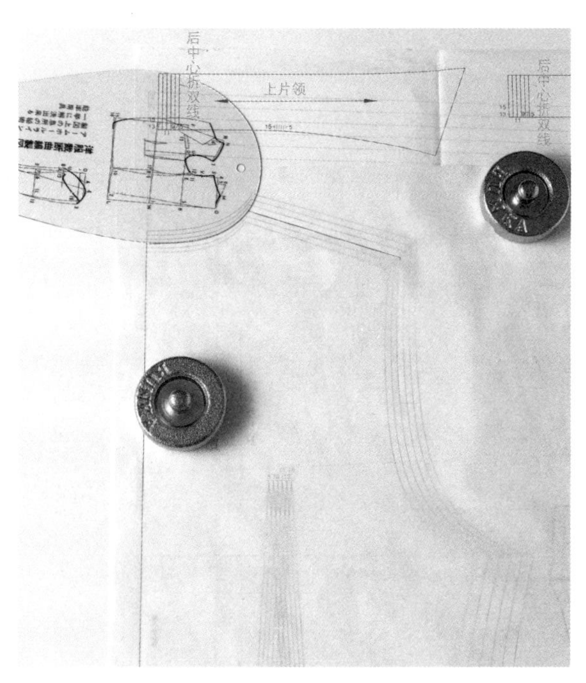

1 对准领围部分。

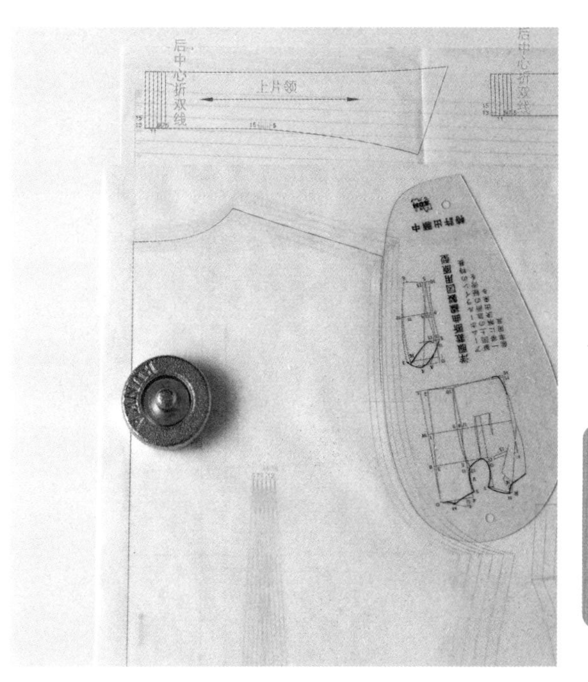

2 对准袖窿部分。根据p.16“使用D弯尺”的要领来描线。

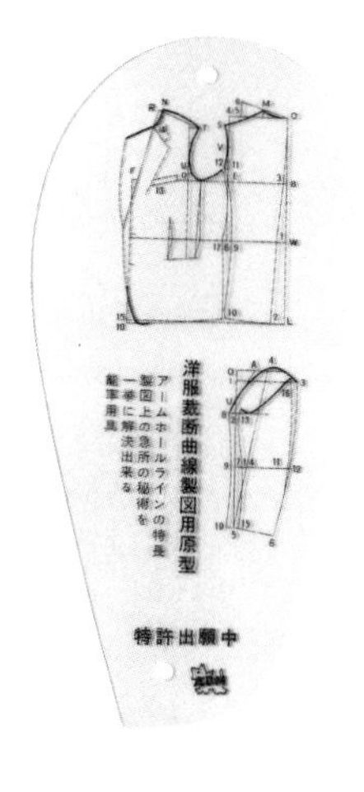

◆使用裁缝曲线制图用原型板

适合用于描领围、袖窿、袖山等处的弧线。

◎使用H弯尺 ※照片以裙子的肋边线进行解说。

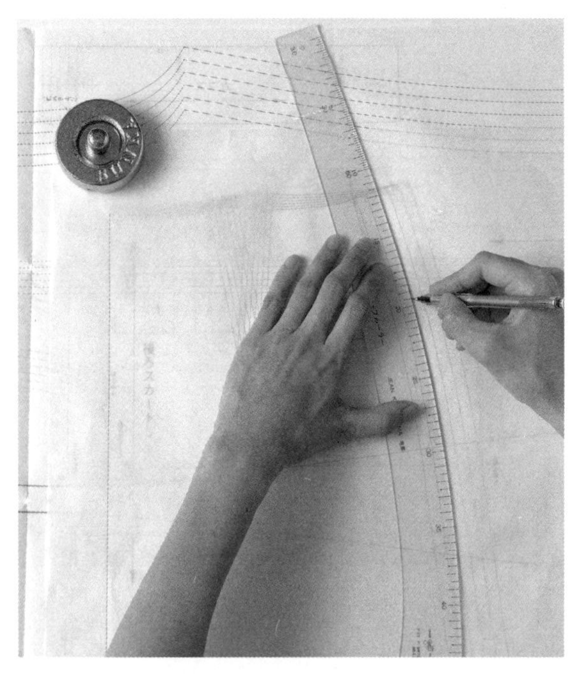

1 将H弯尺对准腰围线到臀围线的圆弧部分，描绘曲线。

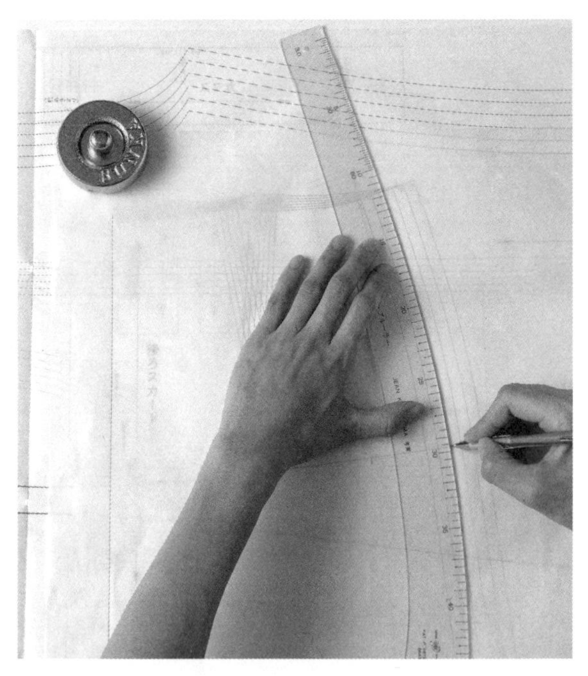

2 描绘至臀围线位置时，稍作停顿。

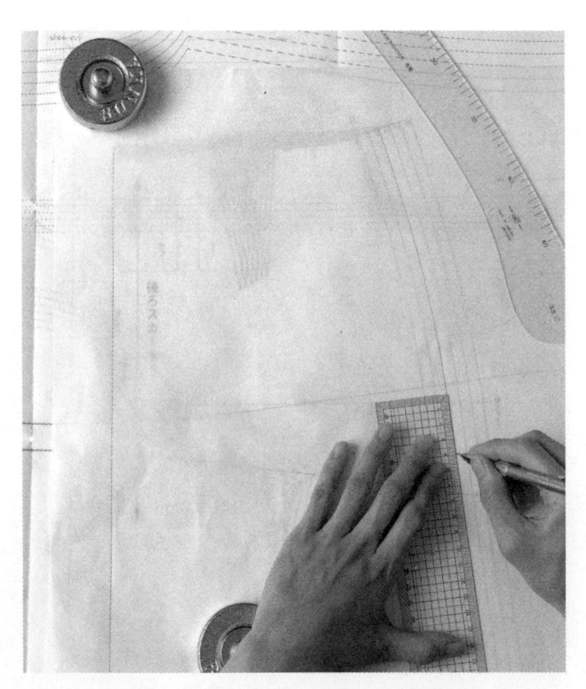

3 由于臀围线到下摆的部分为直线，因此换成直尺或方格尺来绘制。

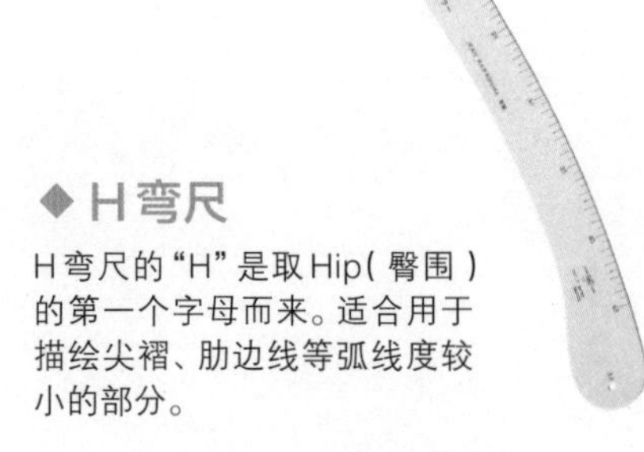

◆H弯尺

H弯尺的"H"是取Hip（臀围）的第一个字母而来。适合用于描绘尖褶、肋边线等弧线度较小的部分。

将纸张垫在纸型的下方绘制

若纸型线条较难看出端倪，可以将纸张垫在纸型下方，利用点线来协助描绘。

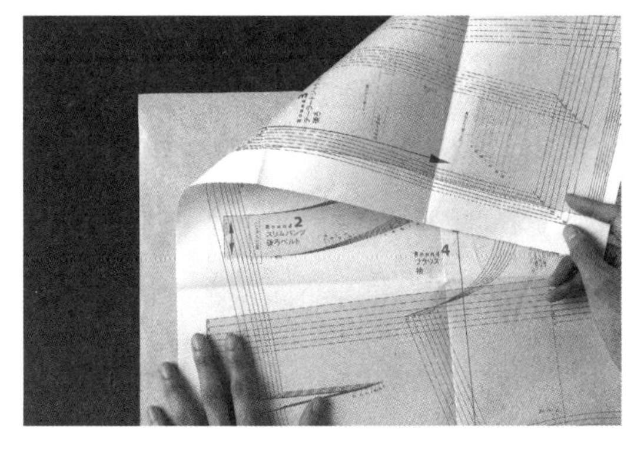

1 将纸张垫在想要绘制的纸型下方。

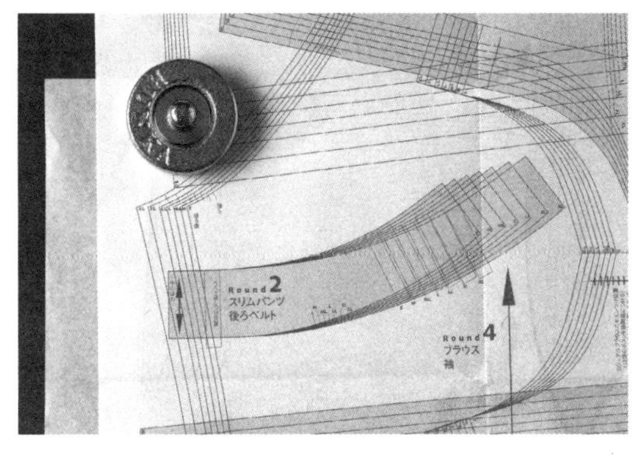

2 放上纸镇固定，避免纸张移动。

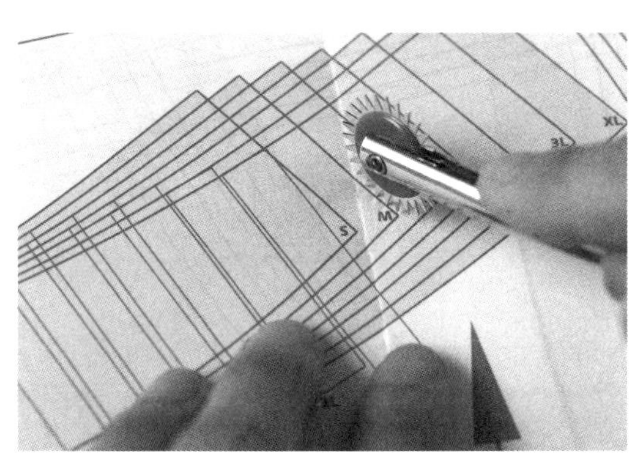

3 滚动点线器，下方的纸张上会留下线条的痕迹。

4 点线器留下的痕迹如图所示。接着沿着这些记号，将线段描绘完成。

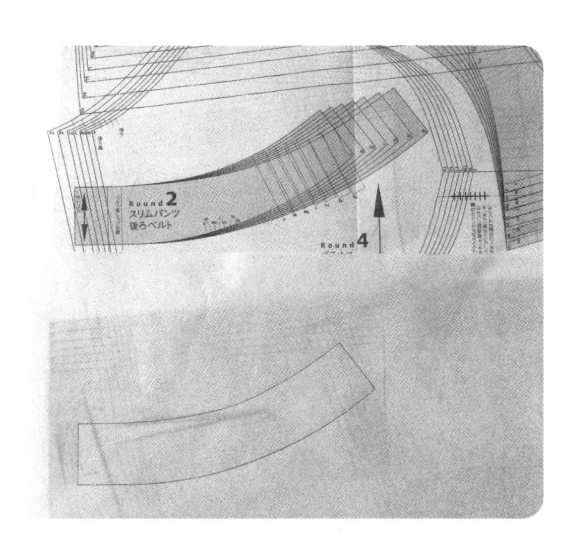

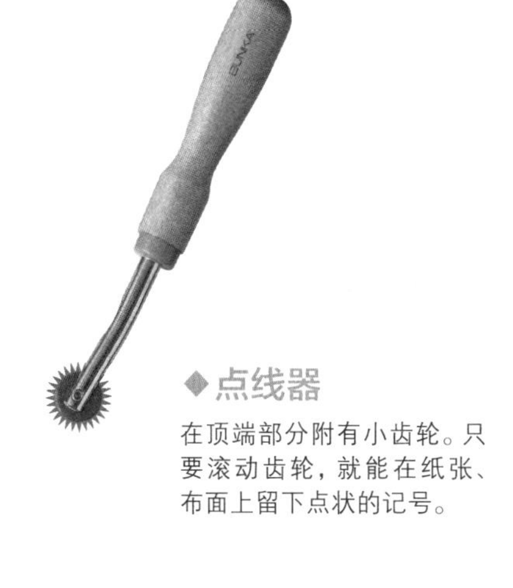

◆点线器

在顶端部分附有小齿轮。只要滚动齿轮，就能在纸张、布面上留下点状的记号。

检查纸型

检查纸型指的是确认缝合线的尺寸，并仔细观察线段是否完美地连接。
不仅可用直尺测量，将两张纸型相互重叠也是一种办法。
确认同为直线的尺寸时，要在纸型都呈正面状态时，相互对齐；
检查曲线时，则是要将其中一张纸型翻至背面、相互叠合，再加以确认即可。

肩线、领围、袖窿

将纸型对接成缝合的状态，加以确认。

【SNP】

SNP 为颈侧点，是Side Neck Point的缩写。指颈围与肩线交会的点。

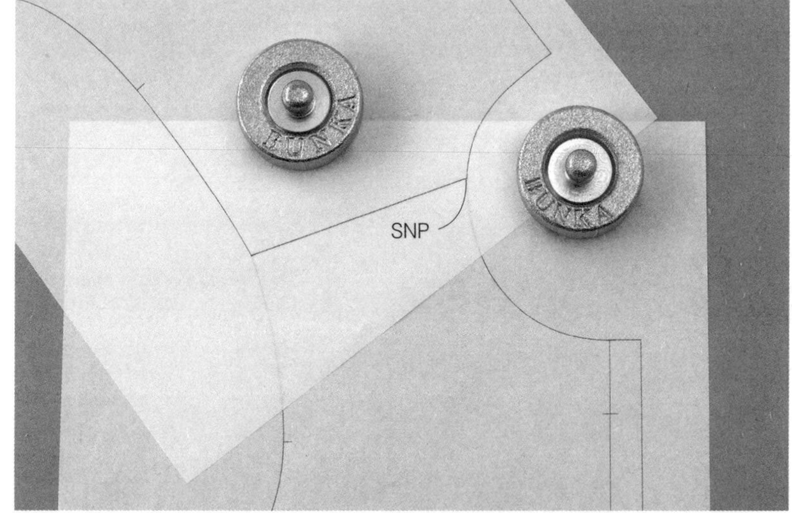

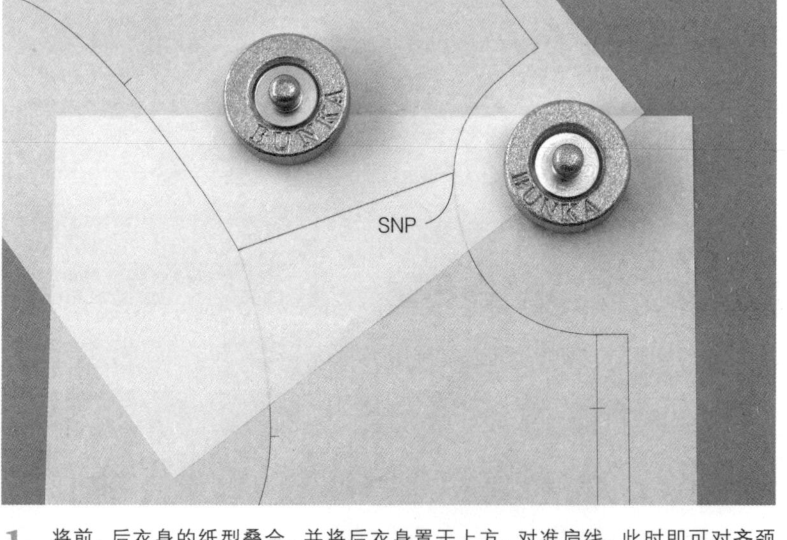

1 将前、后衣身的纸型叠合，并将后衣身置于上方，对准肩线。此时即可对齐颈侧点。

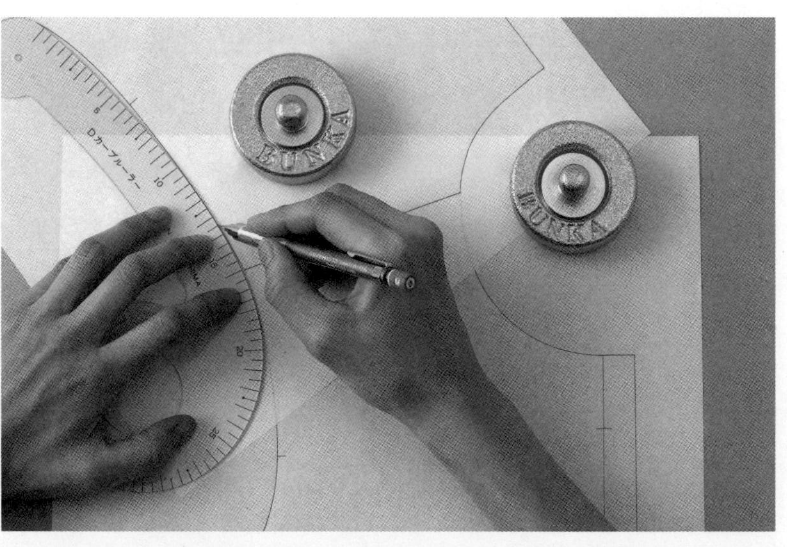

2 若前、后衣身的袖窿线不吻合，则重新绘制该线，使其能够平顺地连接。

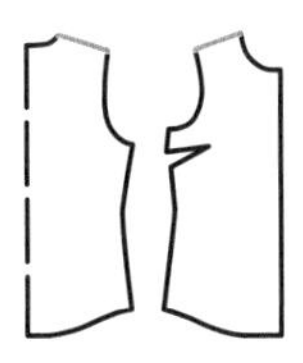

3 后衣身的袖窿线重新绘制后如图所示。至于前衣身的袖窿线，则将后衣身的纸型垫在下方，重新绘制即可。

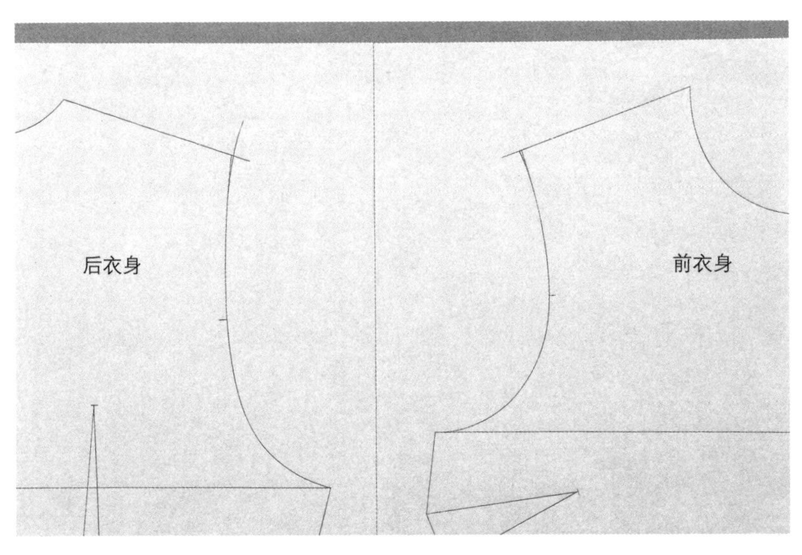

4 纸型修正完，如图所示。

肋线、下摆

◎制作裙子

1 确认从腰围线到臀围线的曲线尺寸时，要将其中一片纸型翻至背面、相互叠合，再加以确认。

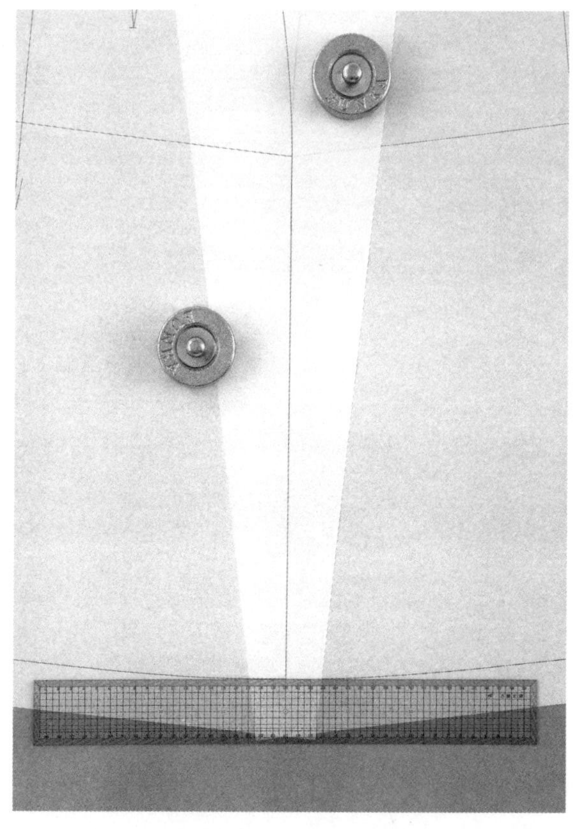

2 至于从臀围线到下摆处的直线，则要将纸型都翻回正面、对齐，再确认尺寸。如果前、后衣身的肋边线不吻合，则重新绘制该线，使其能够平顺地连接。

◎制作衣身

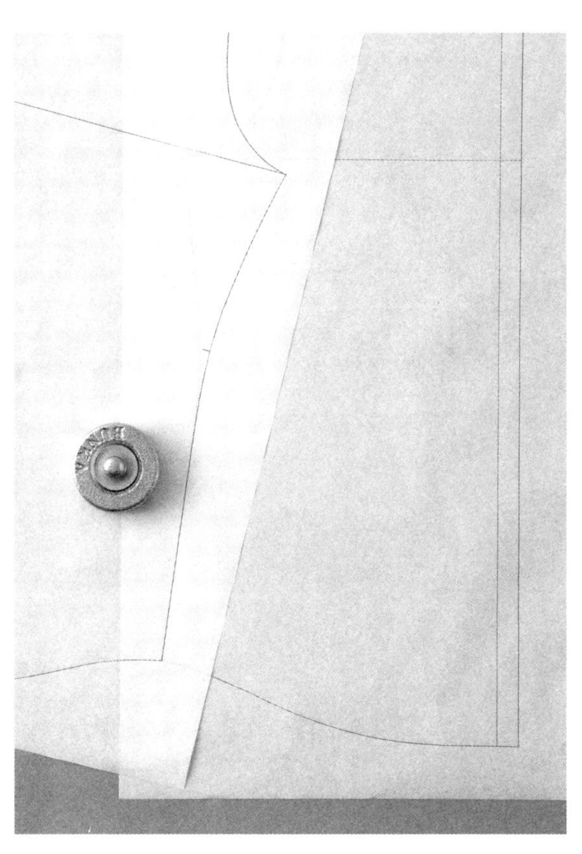

确认连接处的尺寸，观察下摆是否平顺地连接。

◎制作裤子

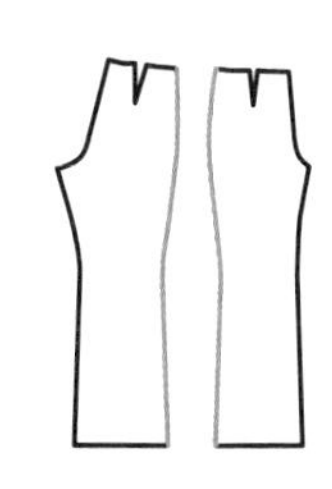

如果线段无法完全吻合，就一点一点地移动纸型，继续进行尺寸的确认工作。

袖下、袖窿、袖口

要缝成筒状的部分，纸型也卷起接合成筒状进行确认。

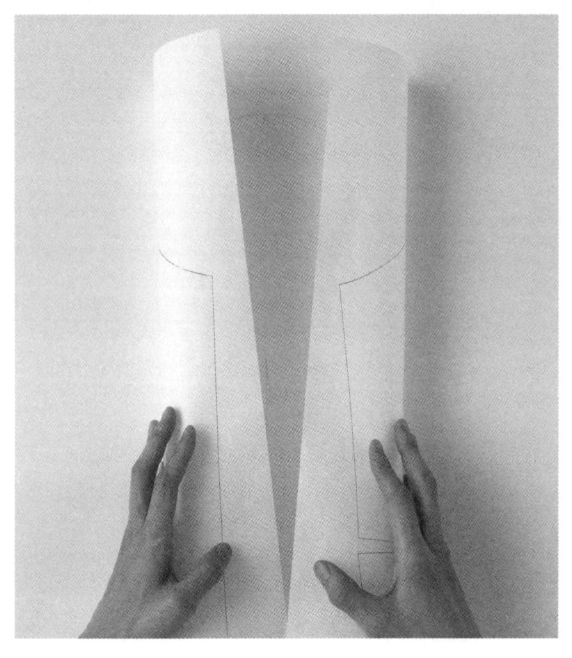

1 将纸型卷成筒状，并将袖子纸型的袖下线对合。

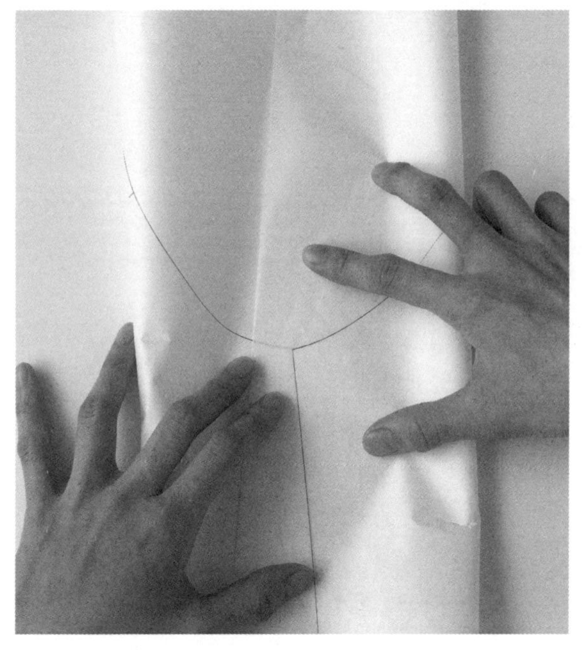

2 对齐袖下线，再确认袖窿（袖底）、袖口的线是否平顺地接合。

尖褶

将线段对齐缝合，再加以确认。
至于尖褶或活褶，可通过褶叠纸型确认（参考p.32）。

1 另外准备一张纸，从腰围线开始画到中心侧的褶尖点。

2 用笔压住褶尖点，将已画好的纸加以翻转，使褶线与肋边侧的褶线对齐，再确认腰围线是否平顺地接合。

袖山＆袖窿

针对无法叠合进行确认的曲线，可使用直尺及卷尺来测量。

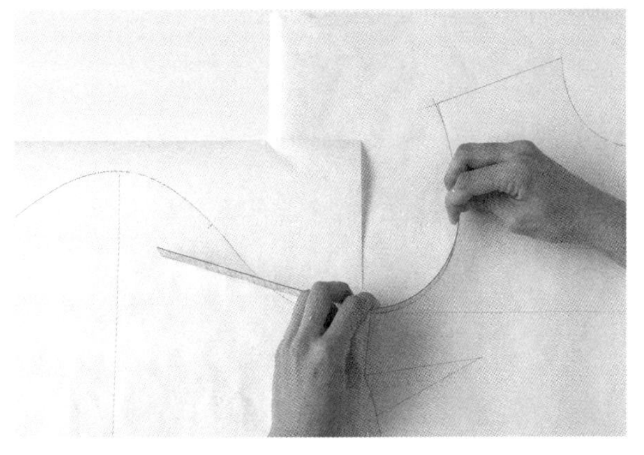

分别测量从衣身袖窿的肋边到合印记号间的距离，以及从袖山的袖底到合印记号的距离。

曲线的测量方式

想知道曲线尺寸，可将方格尺或卷尺在纸面上立起，沿着弧线对齐测量。

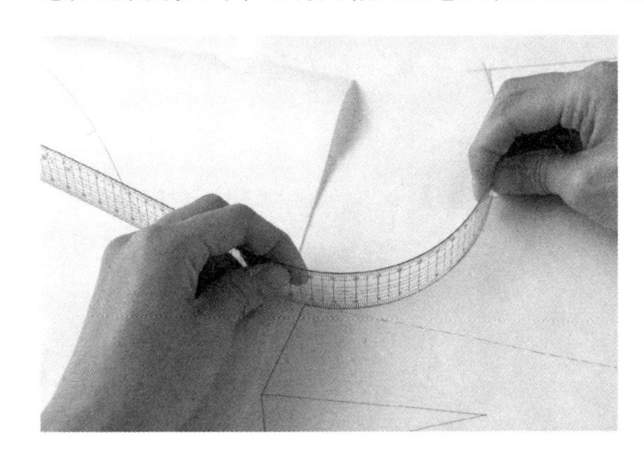

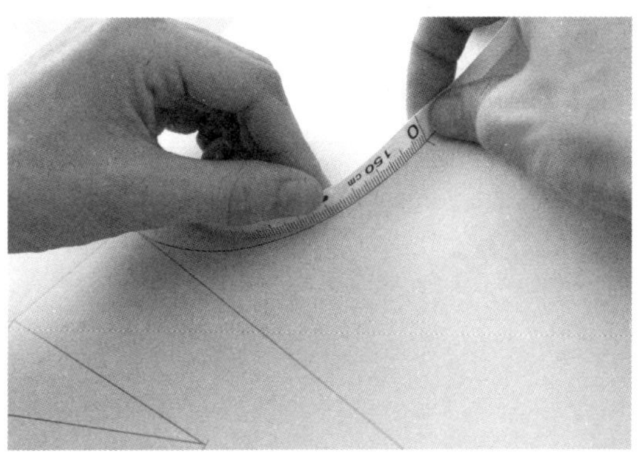

◆方格尺（2.5cmx30cm）

这是以5mm为一间隔的方格尺。以平行线和直角线段为主，是适合用来标注缝份或细针形褶记号的好帮手。此外，针对宽度较窄的部分，可通过弯折来进行测量。

◆卷尺

带状的卷尺，适合用来测量人体各部位的尺寸，或测量制图时的曲线长度。

检查纸型

漂亮地缝合曲线与距离线

如果布纹线和倾斜程度接近斜布条，或缝合的线段尺寸较长，可增加合印记号，以防止缝合时移动或出现偏差。

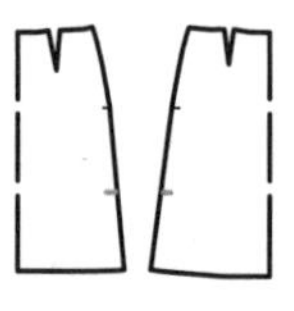

裙子的肋边线

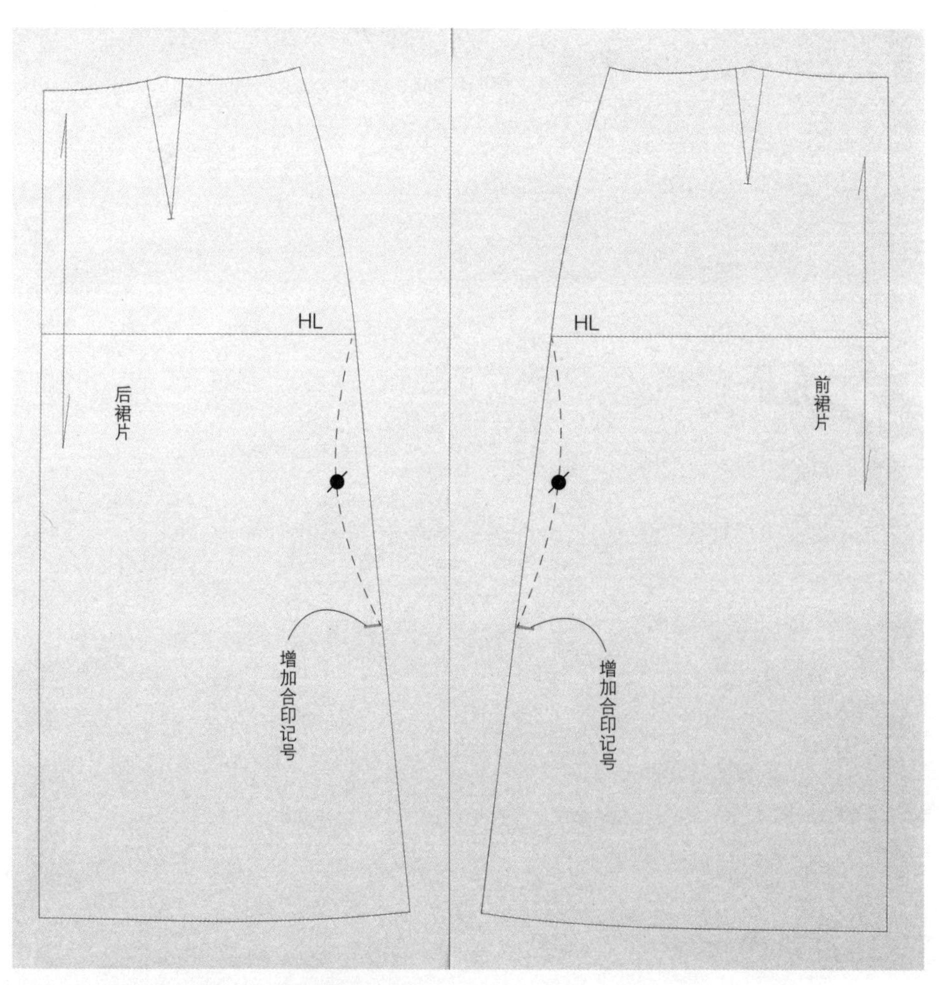

在较长的缝合线段中心处附近，增加新的合印记号。

衣领及领围

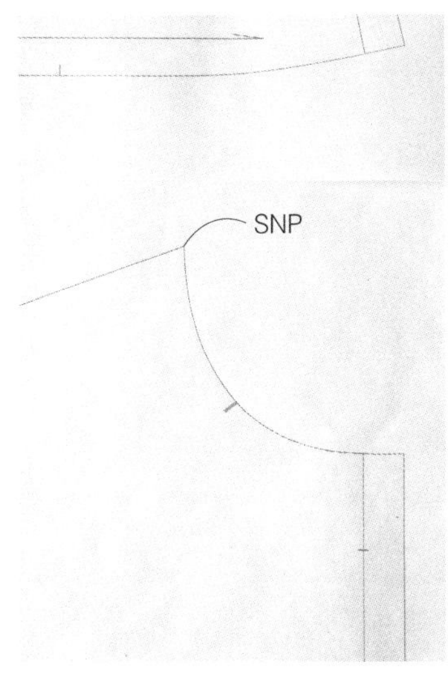

1 在衣身前中心及SNP点的中心处附近，增加新的合印记号。

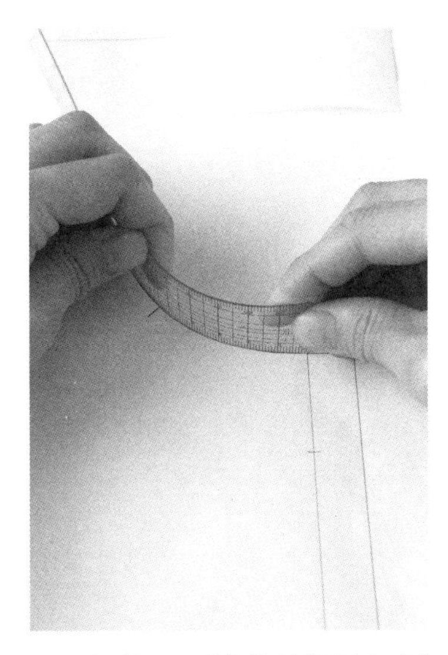

2 根据p.25“曲线的测量方式”的要领，测量前中到新合印记号的尺寸。

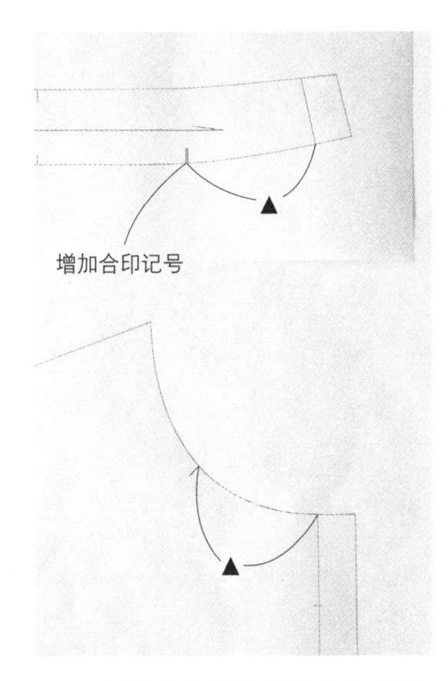

3 在距离衣领纸型前中心相同尺寸的位置上，增加新的合印记号。

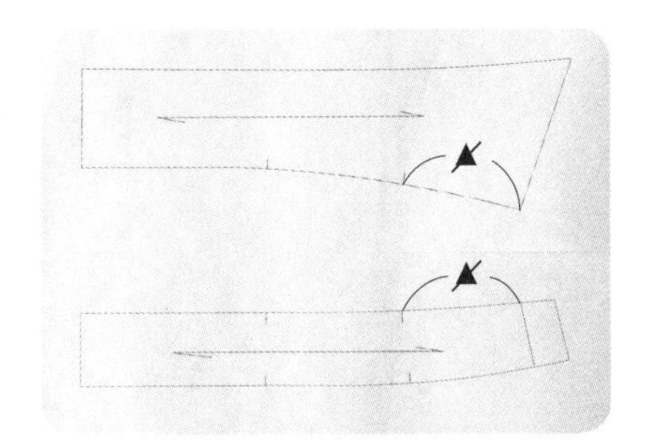

上片领也用同样方式增加新的合印记号。这样纸型就完成了。

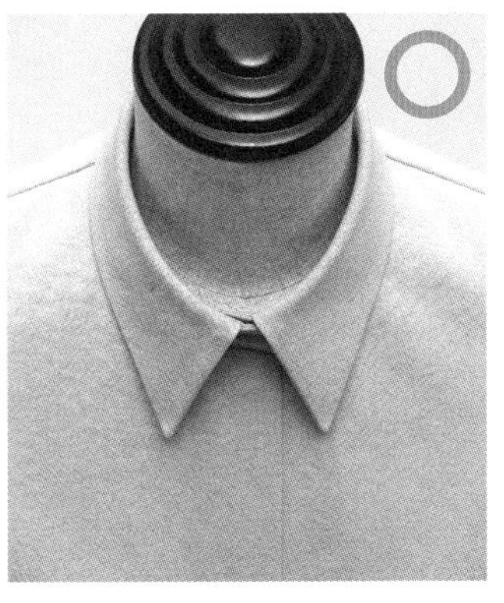

在衣领的纸型上增加新的合印记号，可防止缝制时布料移动，也可维持左、右两边的边平衡。

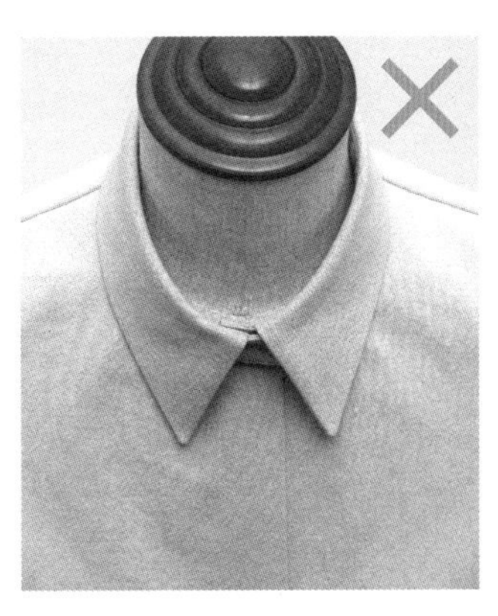

如果没有在衣领的纸型上增加新的合印记号，缝制时的布料错位情况如图示，可看见衣领的接缝位置有些歪斜。

检查纸型

加上缝份

为了能够进行正确裁剪，应制作加上缝份后的纸型。
如果能先标注完成线的记号，就能简化裁剪后的制作流程。

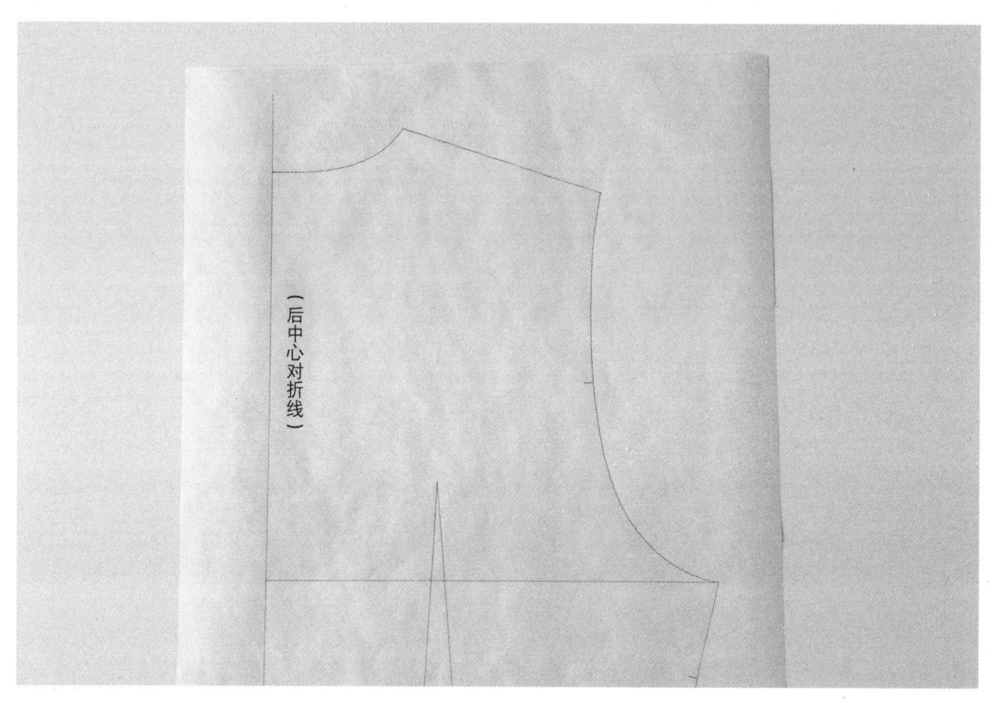

加上缝份前的后衣身纸型。

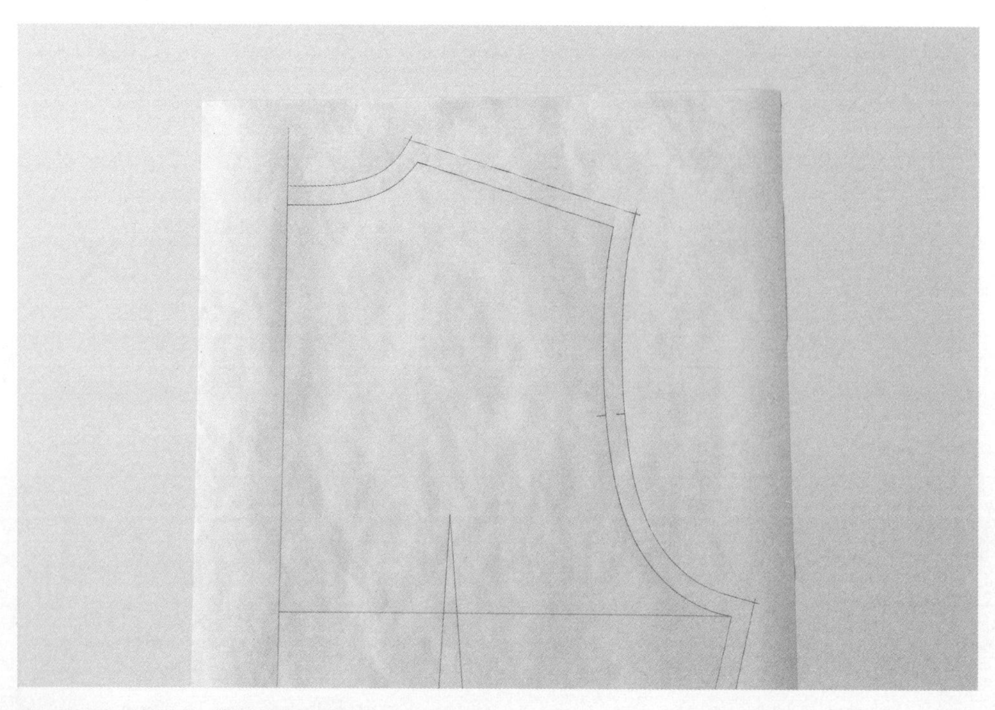

除了后中心对折线外，其他部分都加缝份。

在弧线外围加上缝份

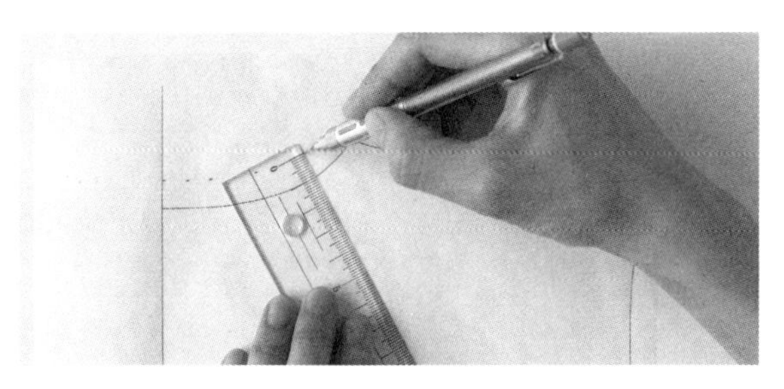

1 在纸型的完成线外围，沿着缝份宽度仔细标注记号。

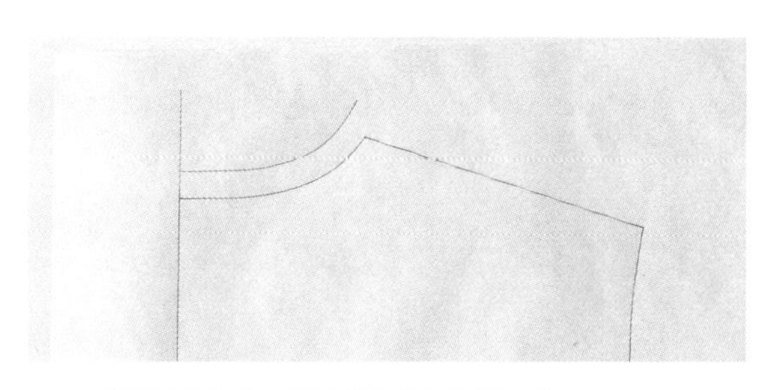

2 连接记号位置，将缝份的线条绘制完成。

使用方格尺时

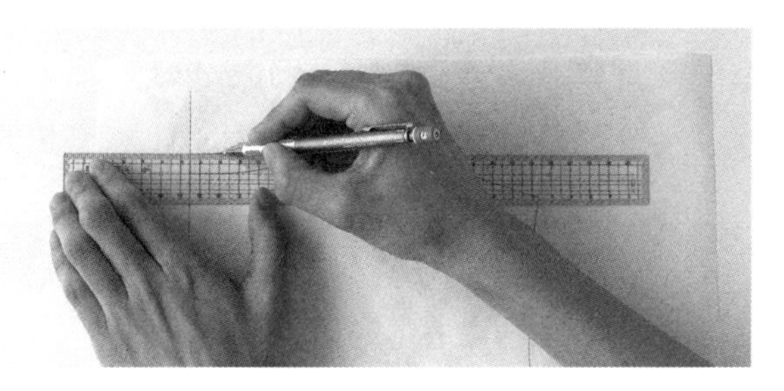

1 直线的部分，利用方格尺的格子，一边对齐缝份宽度的尺寸，一边画出线条。

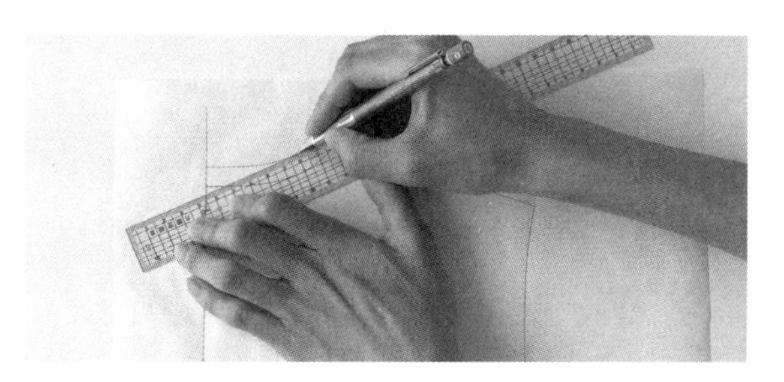

2 至于曲线的部分，同样利用方格尺的格子，一点一点地标注缝份宽度，再一边移动直尺，一边画出缝份。

在直线外围加上缝份

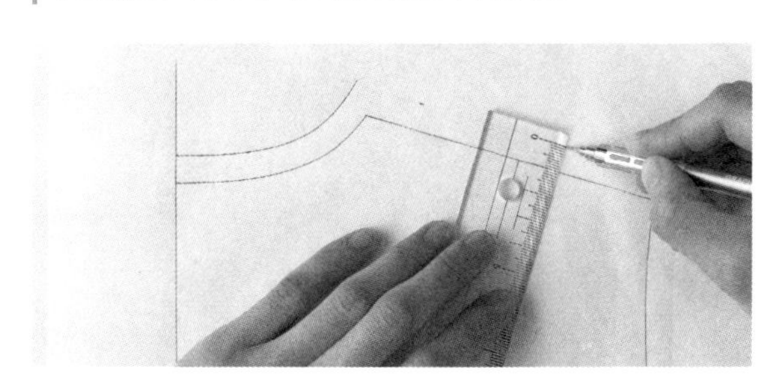

1 在纸型的完成线外围标注缝份宽度的记号。

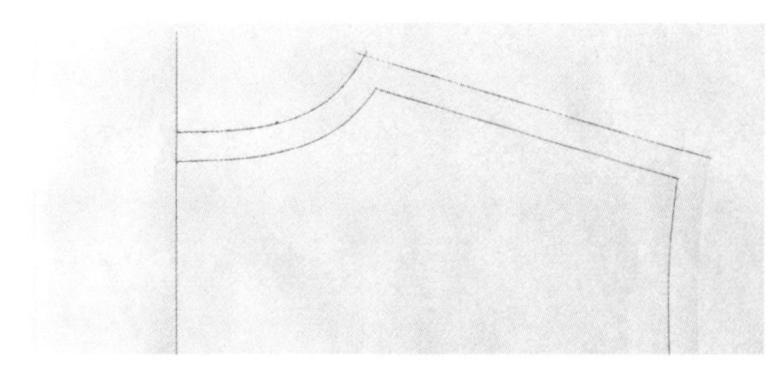

2 将各个记号用直线连接起来。

使用方格尺时

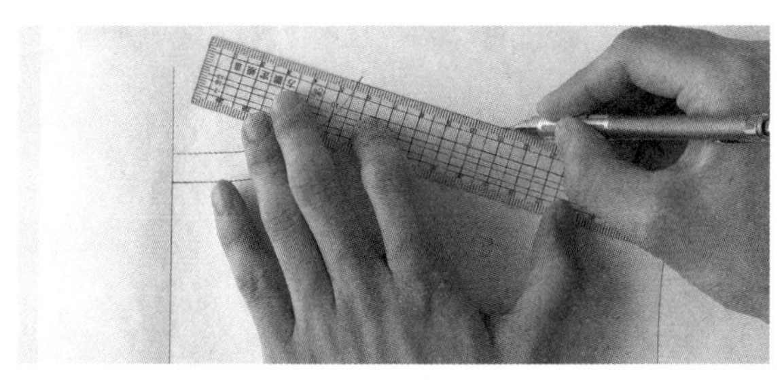

利用方格尺的格子，一边对齐缝份宽度的尺寸，一边画出缝份。

方格尺的使用方式

只要利用尺上的细小方格，就能正确绘制各种线条。

◎平行线

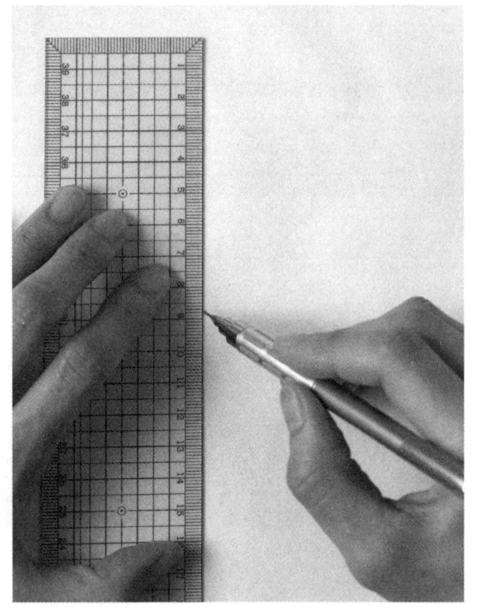

1 先绘制一条基本线。

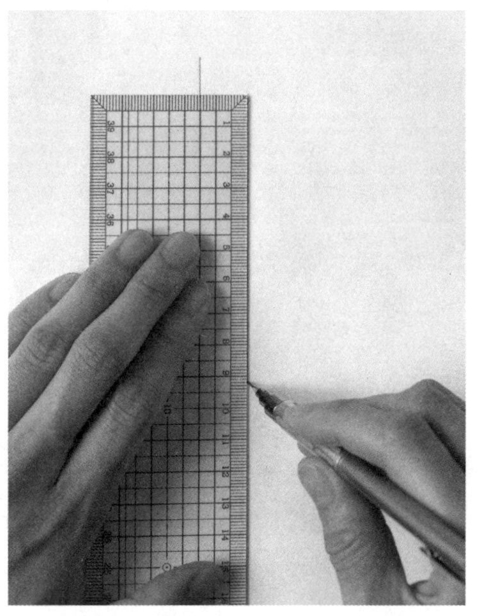

2 确认想要绘制的平行线宽度，如图将方格尺和格子对齐基本线，画出平行线。

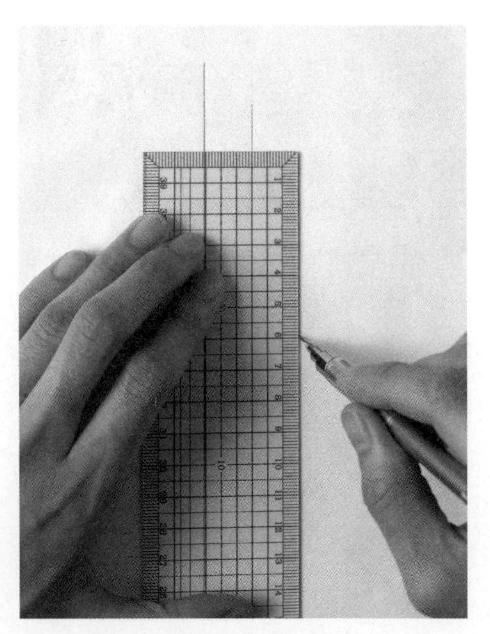

3 按步骤2的要领，画出另一条平行线。

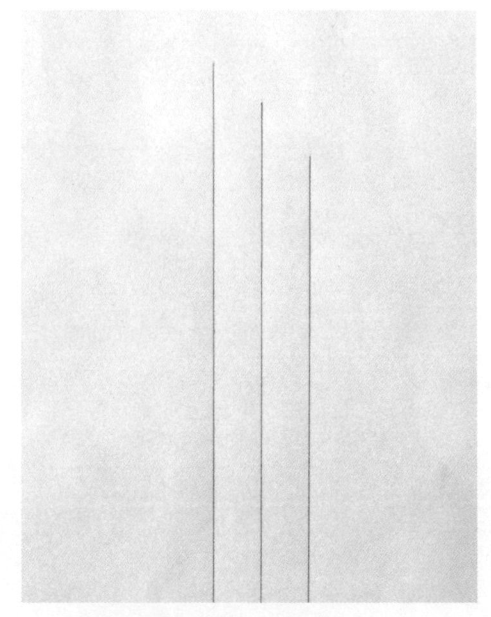

4 平行线画好了。

◎垂直线(90°)

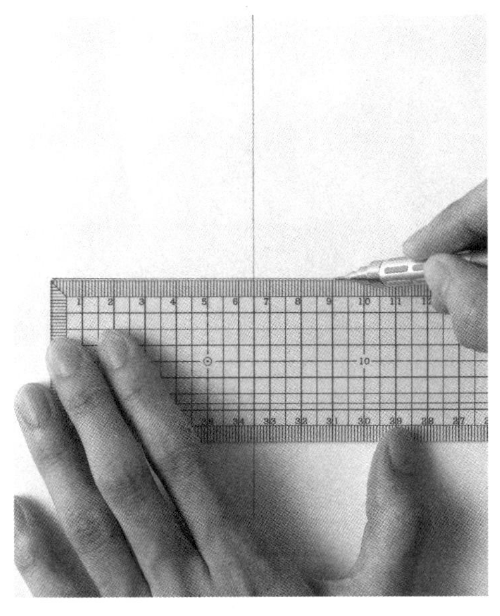

1 如图将方格尺对齐基本线，使其与基本线呈垂直状态。

2 垂直线绘制完成。

◎斜线(45°)

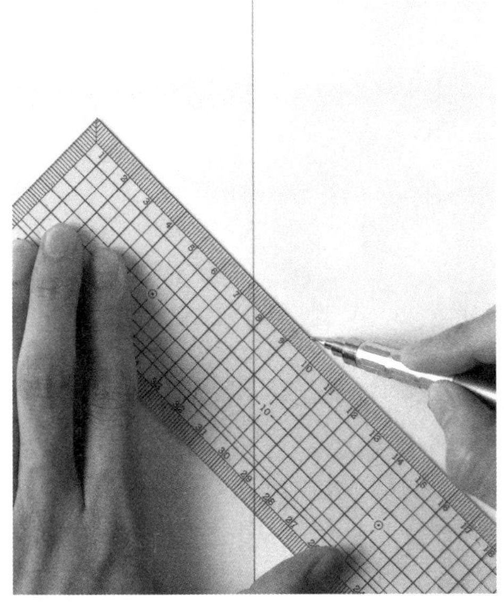

1 如图将方格尺的格子对齐基本线，使其与基本线呈45° 角。

2 斜线绘制完成。

需要注意的缝份画法

若缝合线上有角度，就要改变加缝份的方式。

◎尖褶

如图折叠纸型后，加上缝份。

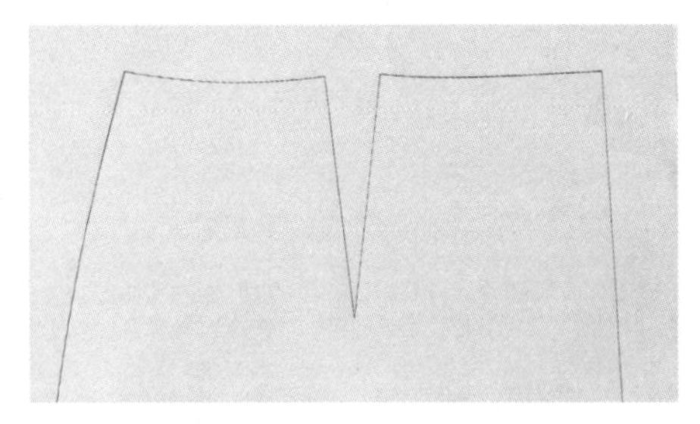

要加上缝份的纸型。

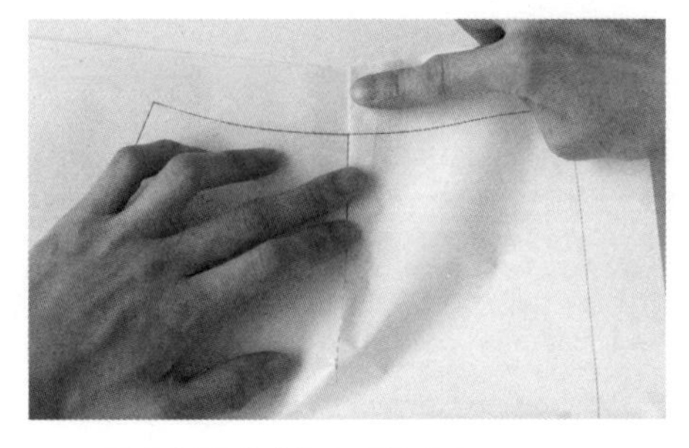

1 将尖褶折叠成缝合后的状态。

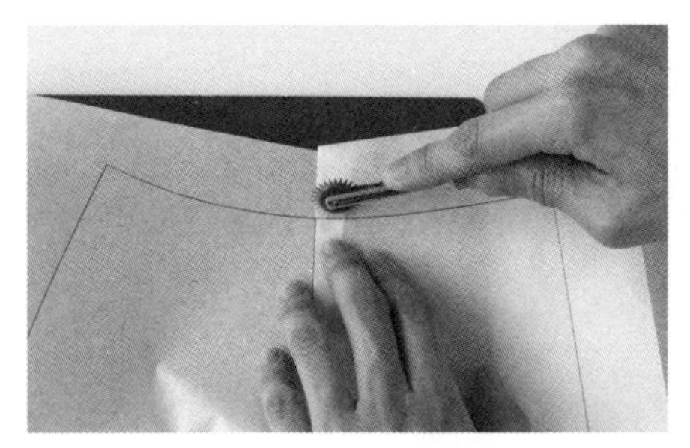

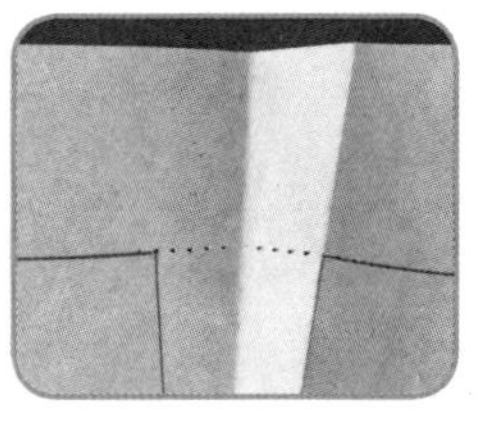

2 在折叠状态下，用点线器沿着腰围线留下记号。

3 接着展开纸型，尖褶的褶山形状就完成了。沿着这个褶山的形状，平行加上缝份的宽度即可。

◎活褶

与“尖褶”的做法相同，先将纸型折叠成完成状态，避免出错。

单向褶的画法

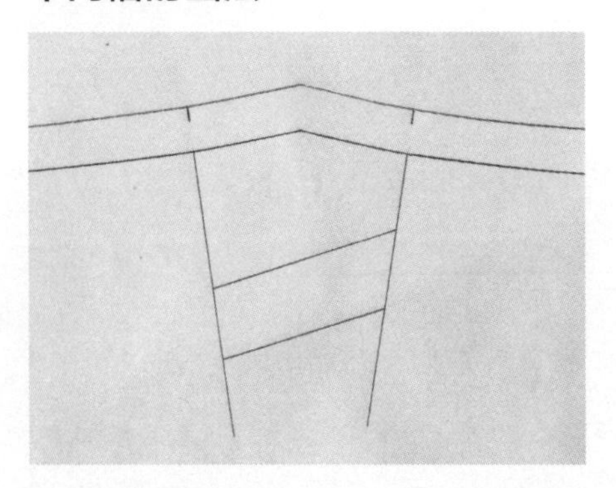

箱形褶的画法

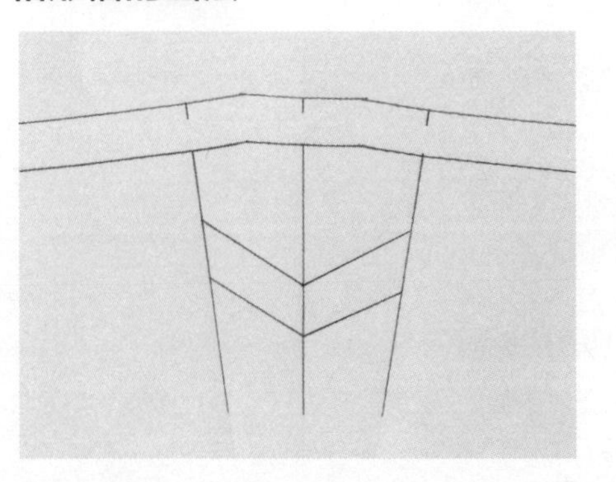

◎前开式的领围 ※以将缝份三折边处理的情况为例。

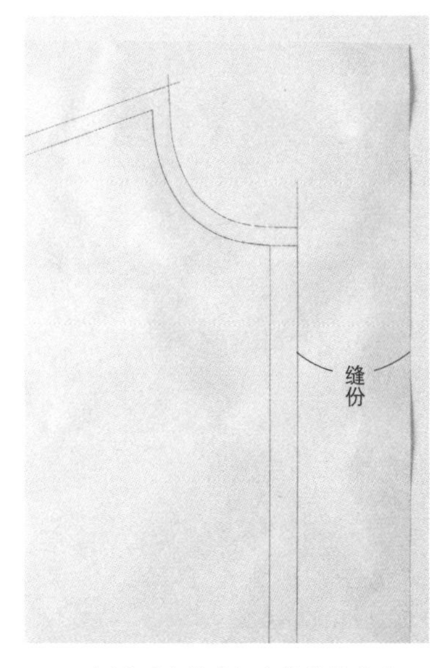

1 在纸型的前端加上缝份并裁剪。

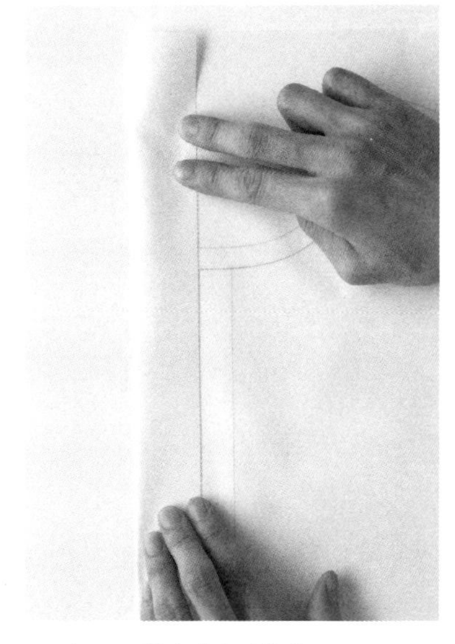

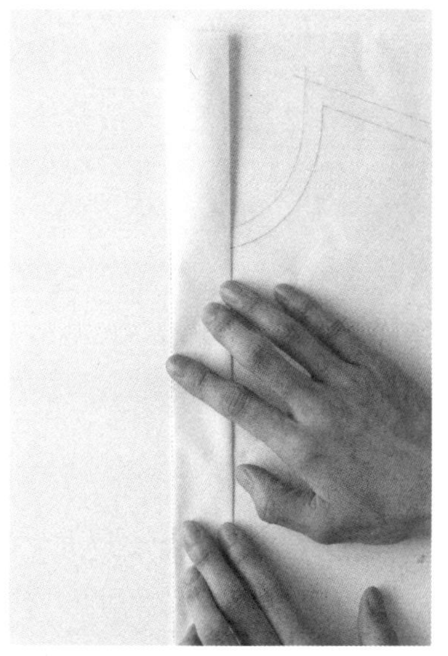

2 如图三折边成完成状态。

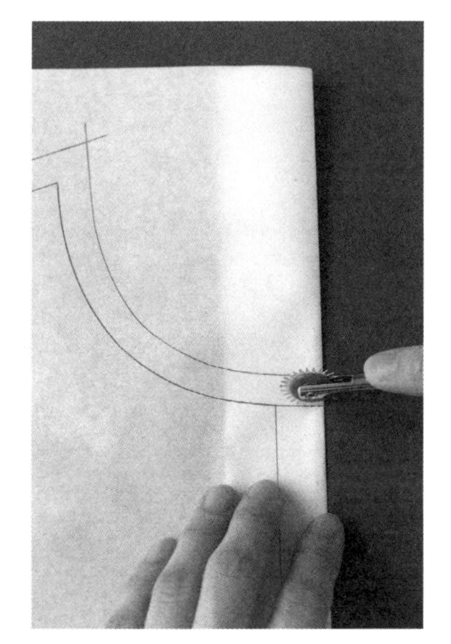

3 用点线器在领围部分留下记号。

4 展示折叠处。

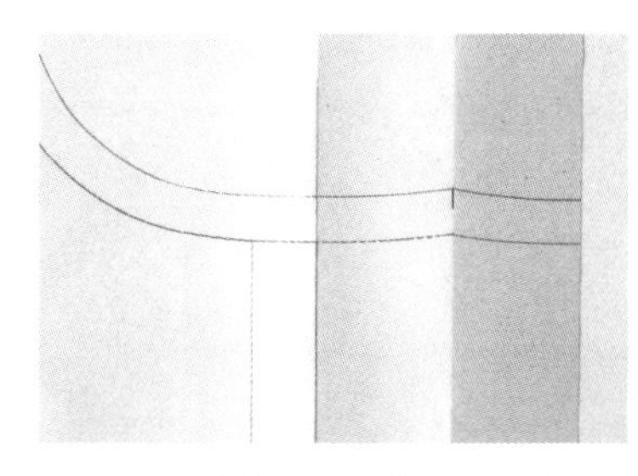

5 沿着点线器留下的记号画线，平行加上缝份的宽度即可。

◎接缝幅片的袖窿

由于有时会因整烫方向不同而产生缝份不足的情况，因此在重叠缝制时，应该特别注意。
袖口、下摆处等带有钝角处的折叠份，也应留意。

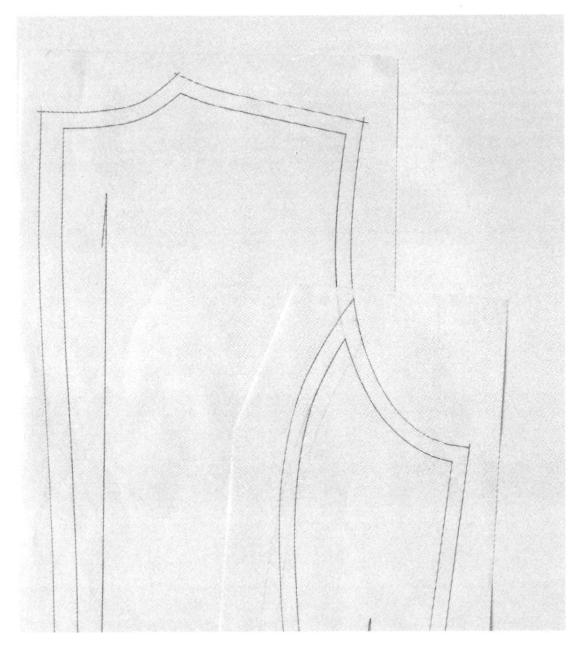

1 与完成线平行加上缝份。

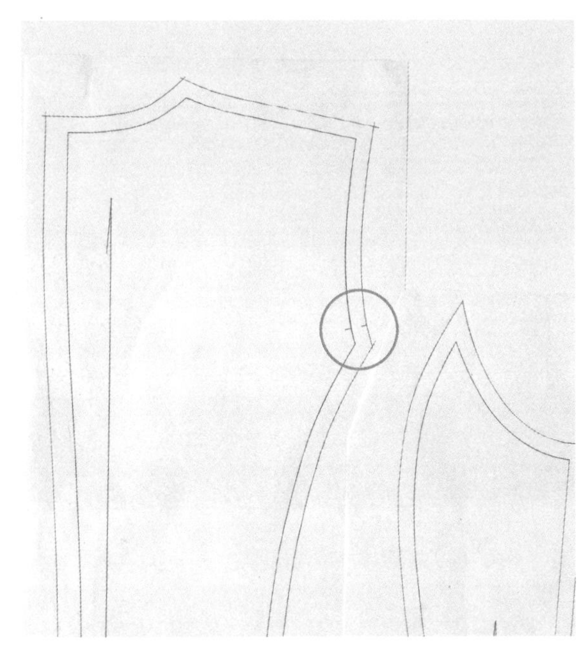

2 注意袖窿缝份。

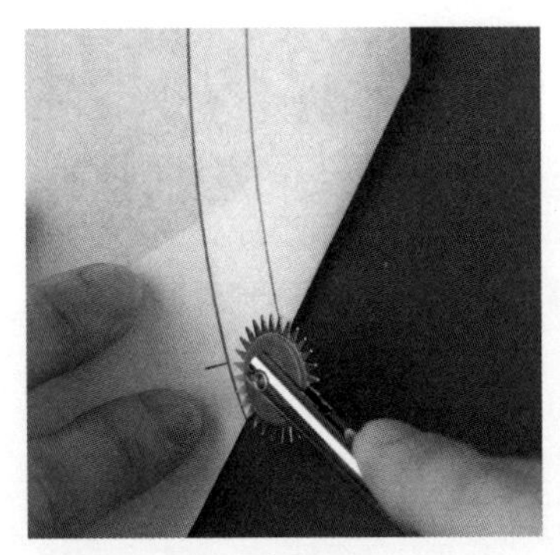

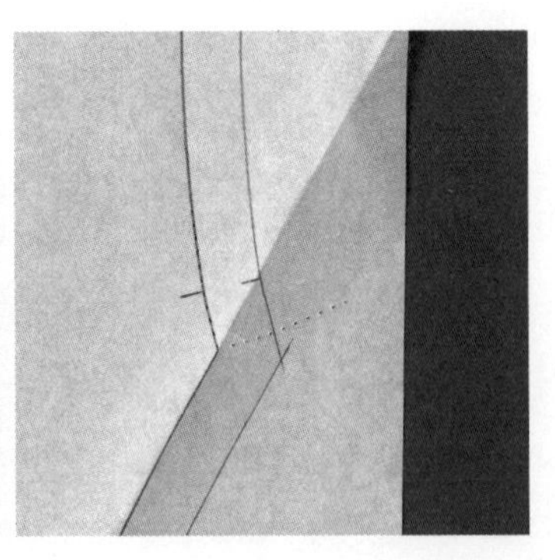

3 折叠缝份处，利用点线器留下记号。

4 沿着点线器留下的记号，重新增加缝份。

裁剪纸型

缝份完成后，就是裁剪了。

进行裁剪时，注意剪刀、美工刀的刀刃必须与纸面呈垂直状。

◎用剪刀裁剪

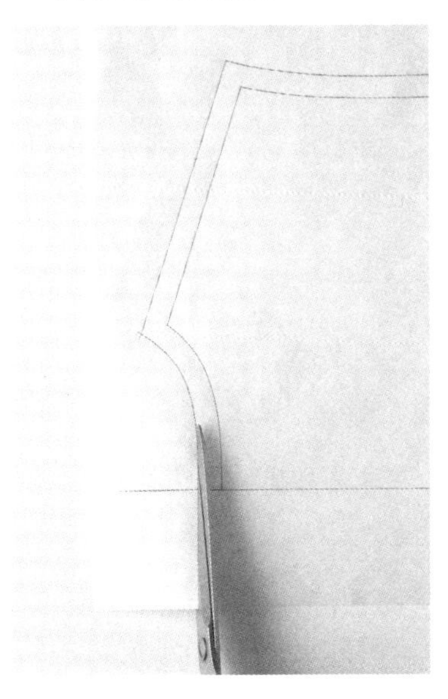

◎用美工刀切割

◆剪纸专用剪刀

专门用来剪纸的剪刀，要与剪布专用剪刀分开使用。

◆美工刀

用来切割、削尖物品的工具，可以替换刀片。

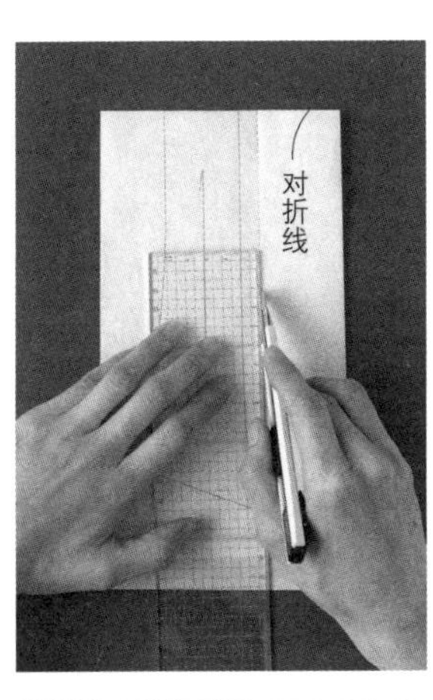

进行较小的纸型切割时，由于有对折线，如果直接裁剪，容易两边尺寸不均等。因此在制作衣领等小块时，可选先对折纸张上的对折线，再裁剪制成纸型。

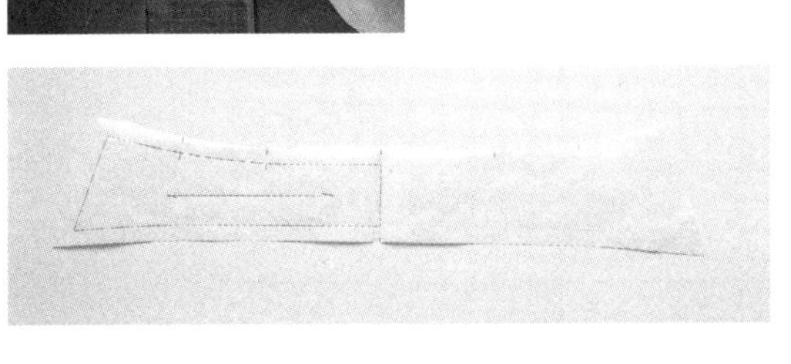

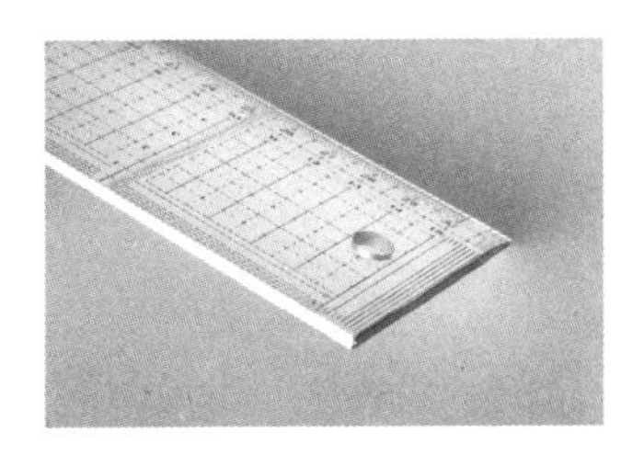

◆切割尺

进行切割时，刀刃必须与直尺紧靠，因此选用不锈钢材质的切割尺，可避免尺面被刀刃损伤。

加上缝份

画缝份的方便小诀窍

在直尺上描出经常使用的缝份宽度线，制成专属于自己的尺子。

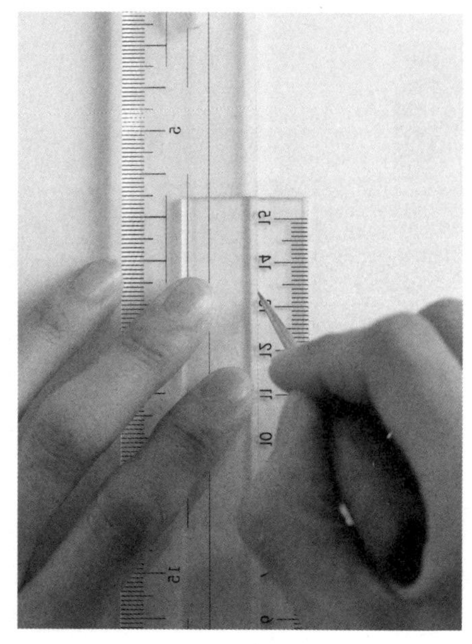

1 用锥子在直尺内侧上刻出一条细细的沟槽。

2 用水性笔在沟槽上描绘、上色。

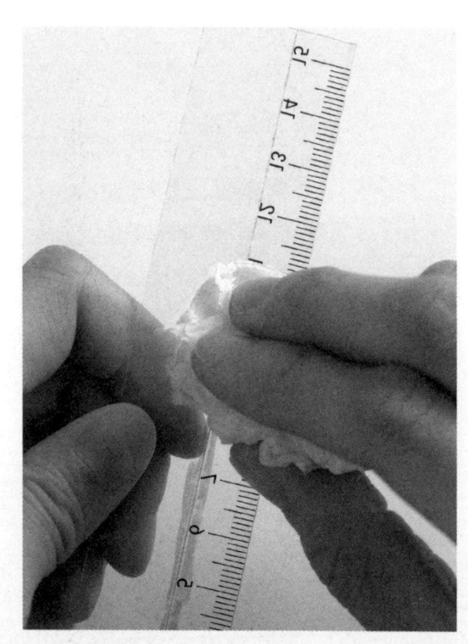

3 擦掉线段外的水性笔墨水。

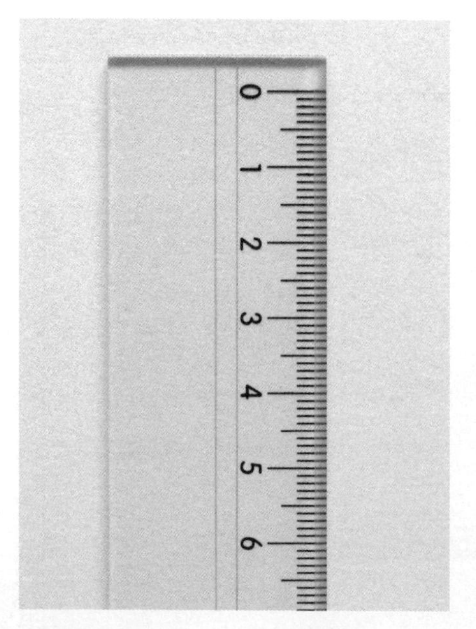

4 制作完成。

裁剪

裁剪(cutting)指的是切割布料。

正确裁剪，能让缝制更加顺利，可以说是缝纫前最重要的程序之一。

根据不同的布料花色进行排列，有许多需要注意的地方，

此外，享受不同花样的设计，也是一大重点！

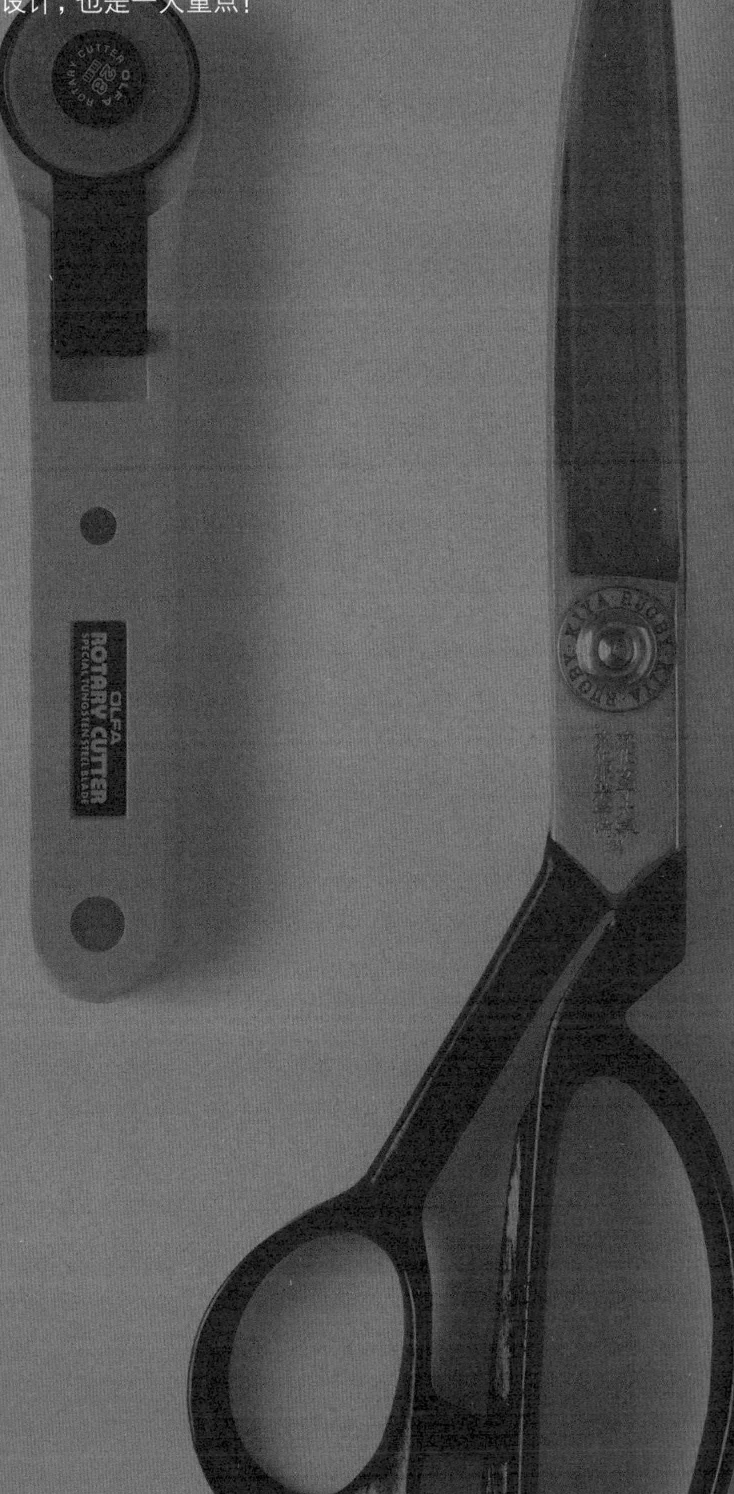

工具

这些都是可以让缝纫更方便的道具！

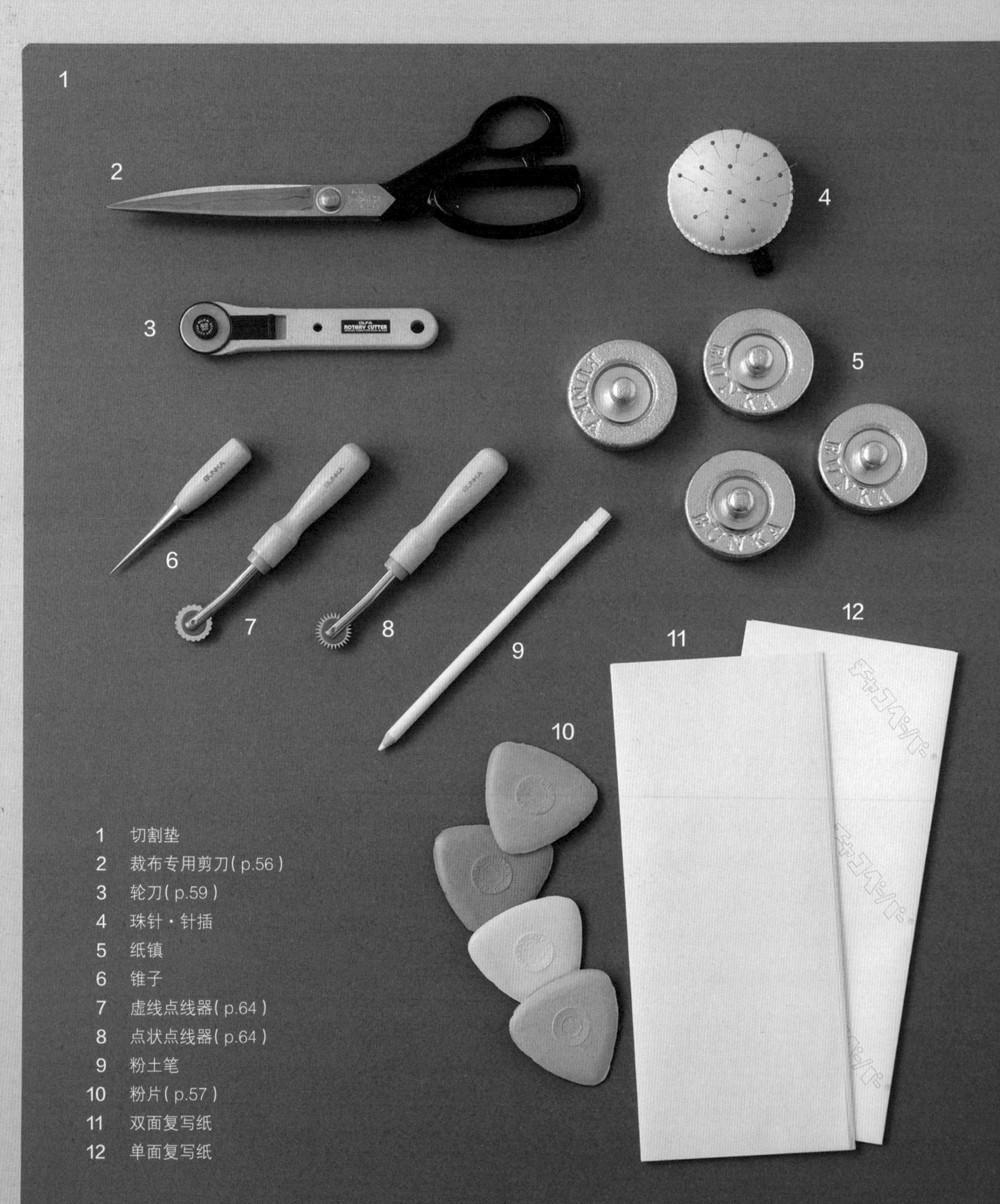

1　切割垫
2　裁布专用剪刀（p.56）
3　轮刀（p.59）
4　珠针・针插
5　纸镇
6　锥子
7　虚线点线器（p.64）
8　点状点线器（p.64）
9　粉土笔
10　粉片（p.57）
11　双面复写纸
12　单面复写纸

整理布纹

若布料的竖向、横向织纹不是水平垂直的，必须在裁剪前进行布纹的整理工作。要是在布纹歪斜的情况下直接裁剪，容易在作品缝制完成后产生变形的状况，因此要使用熨斗整烫。

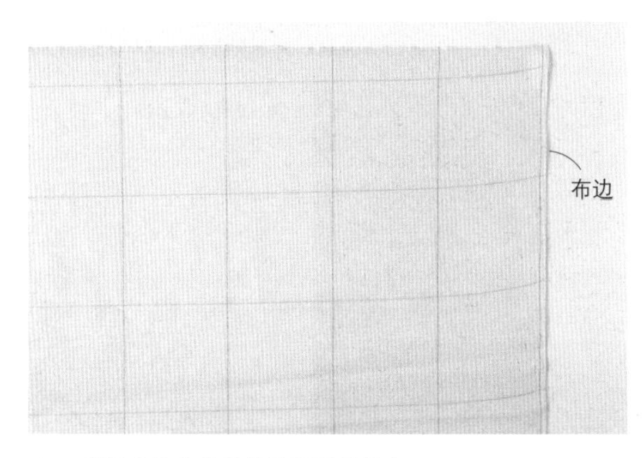

1 靠近布边处的织纹呈现歪斜状态。

2 利用手的拉力，将布纹往歪 斜的相反方向拉扯，稍作整理。

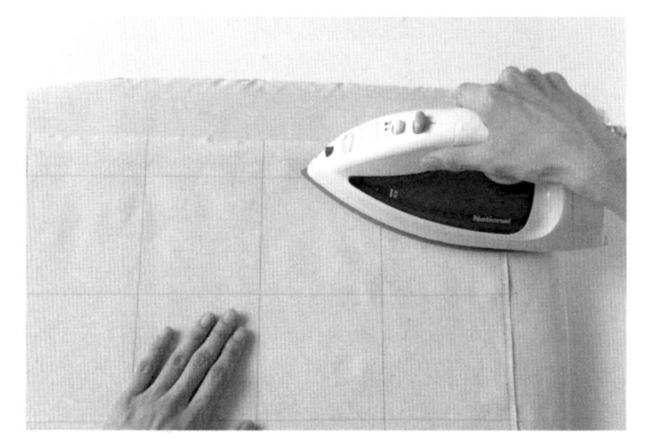

3 接着用熨斗烫压，使其稳定。

4 布纹整理完成的样子。

布料的叠合方式

如果纸型左右对称，可将布料叠合后裁剪。

对齐布料

◎背面相对叠合

将布料的正面朝外，背面相对叠合。

◎正面相对叠合

将布料的背面朝外，正面相对叠合。

将布料对折

◎宽边对折

将左、右两边的布边对齐后，对折起来。

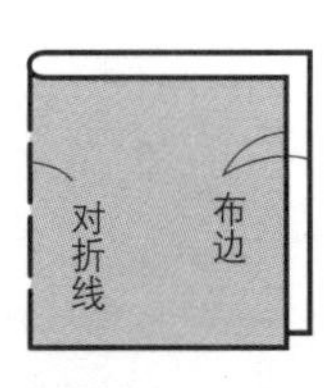

◎长边对折

如图将左、右两边的布边分别对齐、叠合，然后对折。

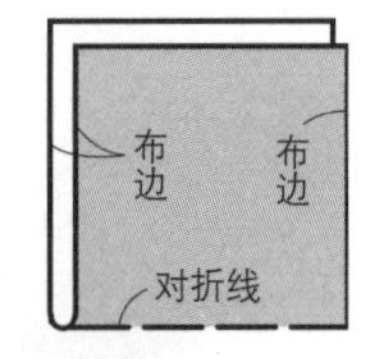

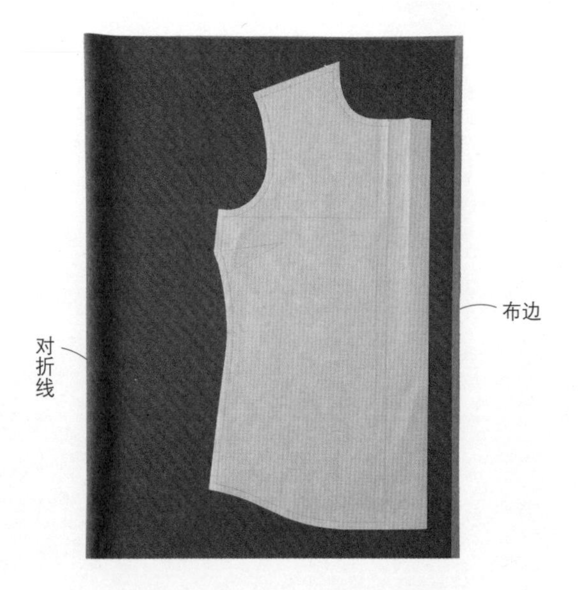

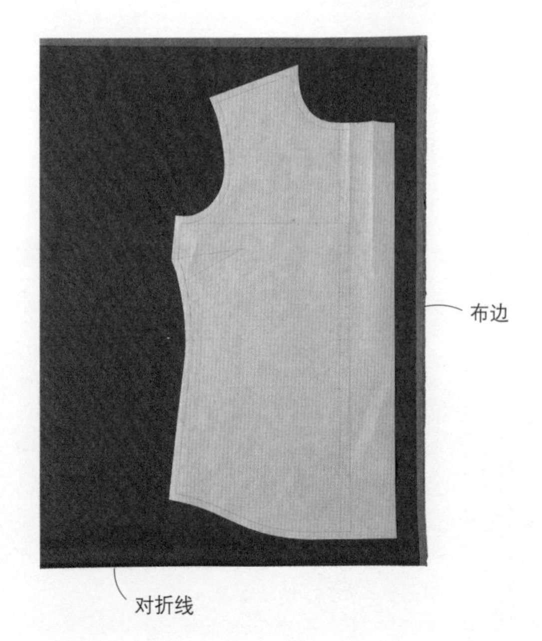

叠合布料的注意事项

裁剪布料时，应先让布面呈现没有褶的平整状态。

将布料叠合后，可以同时整理两片布，如此可避免产生错位的问题。在处理针织布料时要特别留意这一点！

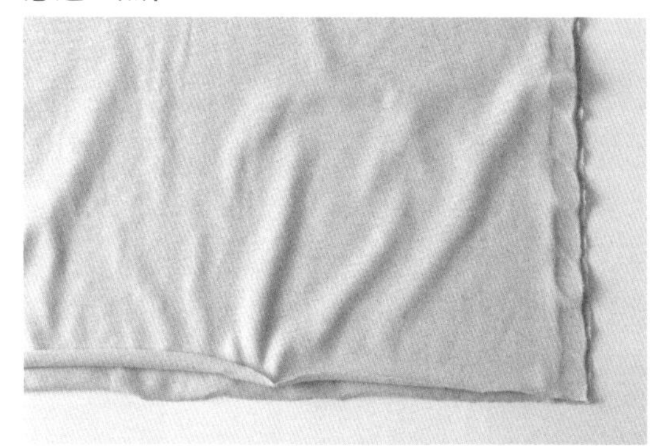

1 将两片布料叠合，表面有许多褶。

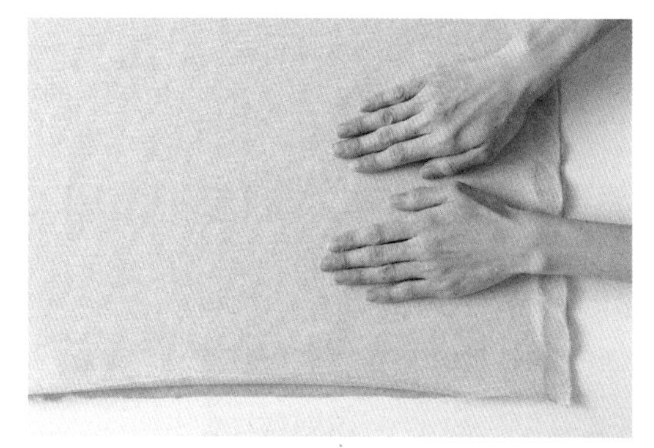

2 用手掌推压，使布面整平。

3 整平后的状态。

如果只抚平表面……

如果只抚平上层的布料，裁剪时可能会产生错位。

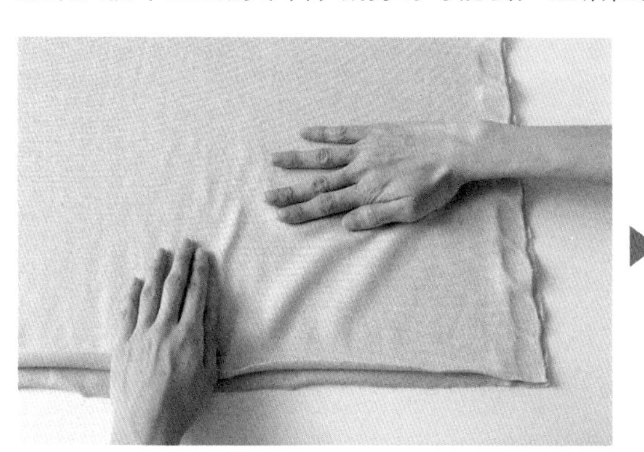

排布

为了避免裁剪时发生错误或造成布料的浪费，在裁布前，必须确认纸型的配置及摆放位置。
若了解布料的用量，在购买前就能事先知道必要的尺寸了。

排布的范例

由于布料一经裁剪就无法再恢复原样，因此在进行前，请务必先将纸型排列在布料上进行确认。

◎纸型按同方向摆放后进行裁剪

衬衫（用一片布料裁剪）

展开一片布料后摆放纸型，都是同方向摆放。

裙子（叠合布料裁剪）

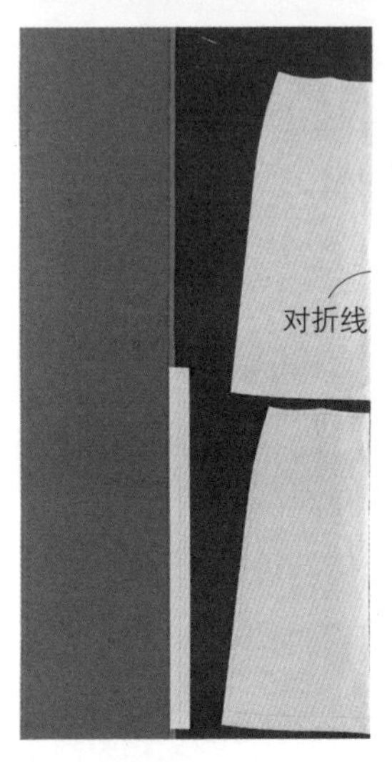

根据纸型需要的宽度错开折叠，使纸型同方向摆放。

裤子（叠合布料裁剪）

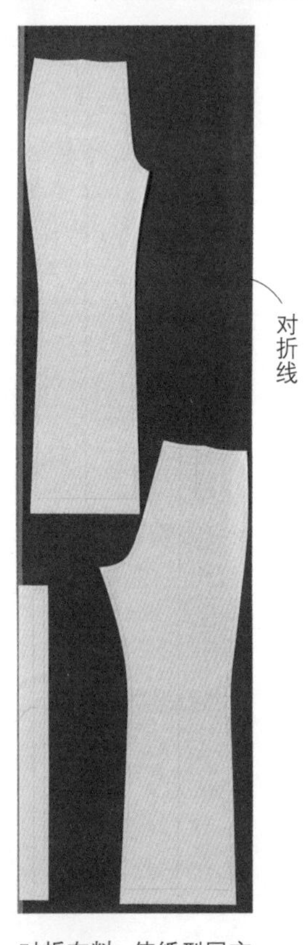

对折布料，使纸型同方向摆放。

Point: 从大面积的纸型开始配置。
依次为：前·后衣身→袖子→衣领等。

◎纸型按不同方向摆放后进行裁剪（交叉摆放）※仅适用于无方向性的布料。

衬衫（用一片布料裁剪）

展开一片布料，将纸型交叉摆放。

衬衫（叠合布料裁剪）

对折布料，将纸型交叉摆放。

裙子（叠合布料裁剪）

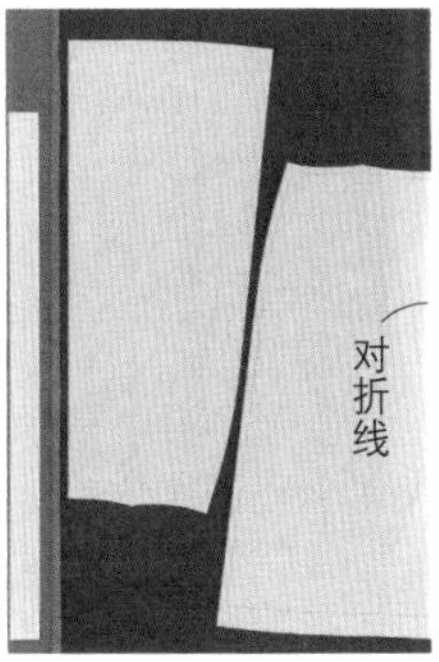

对折线

布料保留腰带的部分后其余对折，再将纸型交叉摆放。

裤子（叠合布料裁剪）

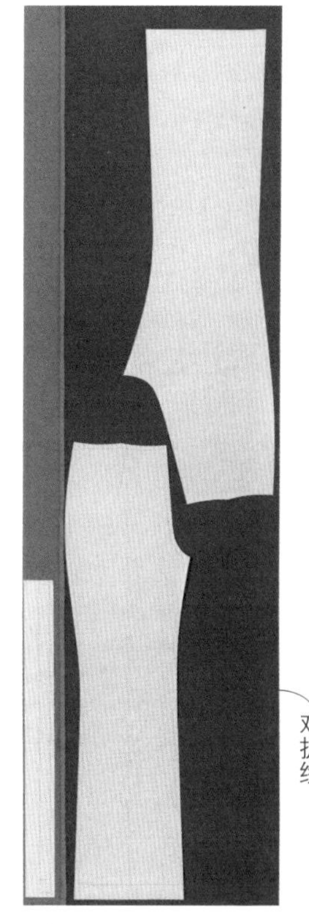

布料保留腰带的部分后其余对折，再将纸型交叉摆放。

布料花样与方向

对于大面积、具有方向性的图案，或表面带有毛绒或光泽的布料，都必须让纸型的上、下端对齐为同一方向，再进行裁剪。

大图案

处理大图案的布料时，必须注意不破坏图案的完整度，对齐后加以裁剪。

直条纹 · 边框纹

如果直条纹、横条纹这类的布纹有少许歪斜，看起来会非常明显，因此必须特别注意。
如果条纹有方向性，就不适合用交叉方式放置纸型。

有方向性的直条纹

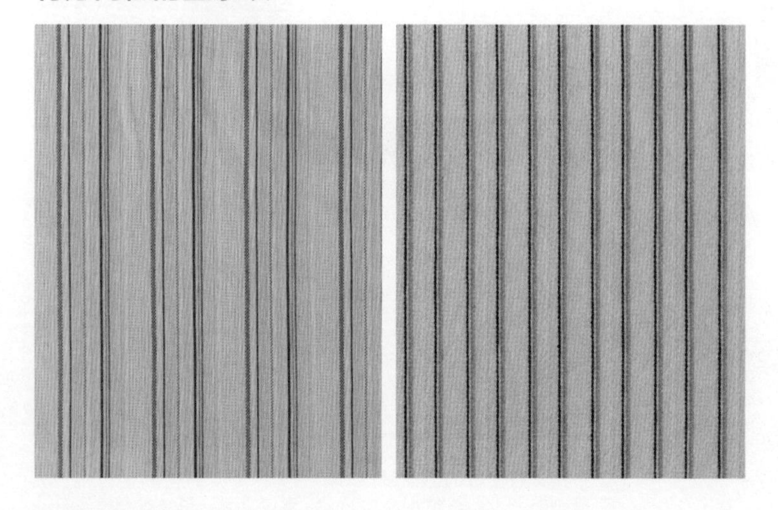

有花样的边框纹

每隔几条横纹就插入花样。

格纹

选用大格纹的布料时，如果花纹有些许的歪斜，看起就会非常明显，因此必须对齐格纹后再裁布。
如果格纹有方向性，就不适合用交叉方式放置纸型。

有方向性的格纹

毛料布

由于多数的毛料布带有光泽，也会因方向改变而产生不同的颜色，
因此要将纸型同方向摆放再裁剪。
将布料往纵向抚平，呈现平顺方向的称为“顺毛”，有些粗糙感的方向则称为“逆毛”。
顺毛方向偏浅色，逆毛方向则偏深色。

【灯芯绒】

【棉绒】

【丝绒】

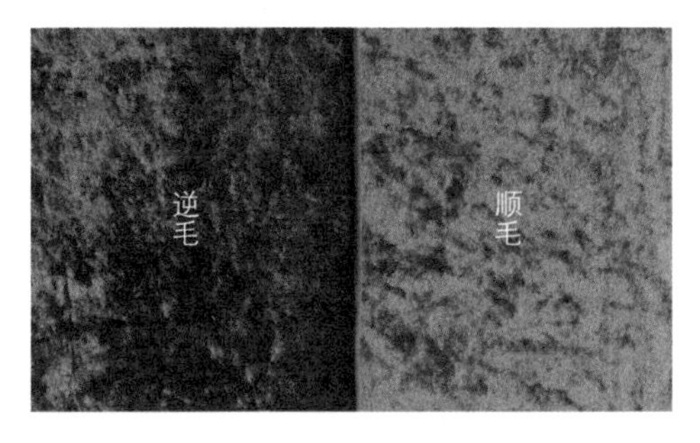

对齐图案的范例 ※此衬衫为前衣面有尖褶的版型。

进行对齐图案、叠合布料裁剪时，有许多需要注意之处。如果担心发生失误，可一片一片地裁剪。

◎大图案

由于大图案十分醒目，因此要考虑呈现的位置，再进行排布。

Point: 将图案的中心对齐衣身的中心线，使左、右两边的图案拼接起来。

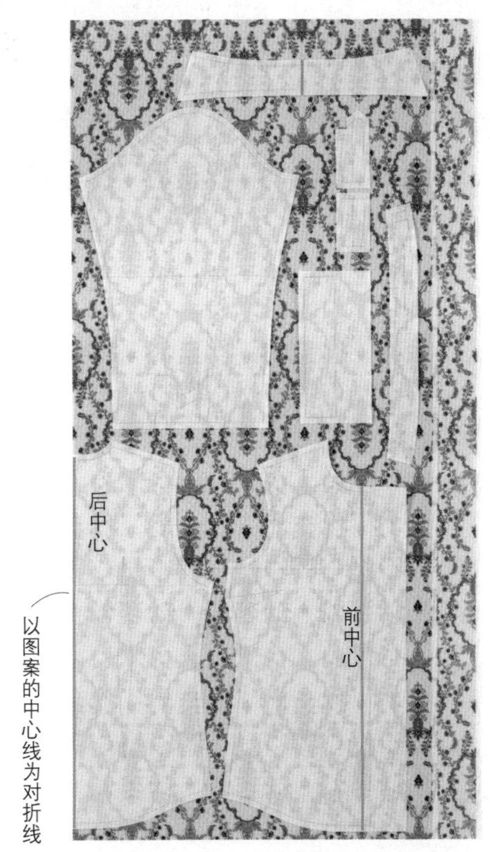

先以图案的中心线为对折线，将布料对折，使成品的图案能够左右对称。上片领的图案，必须左右对称，要将纸型摆放在合适的位置。

×

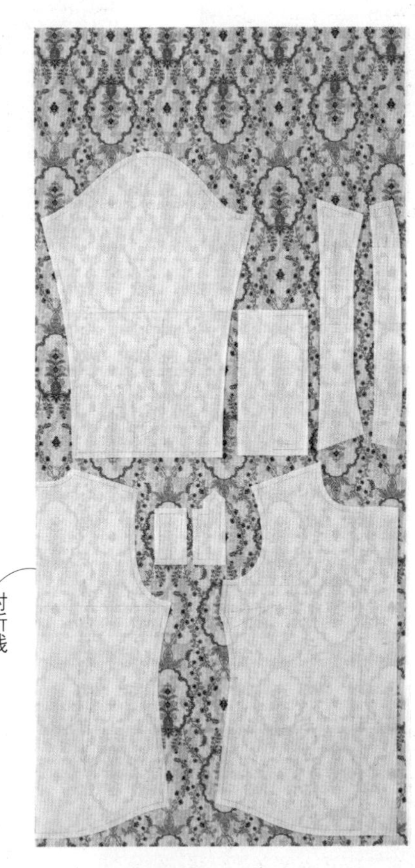

由于直接按布料边对折，会使得左右图案无法对称。左右的衣领图案也不相同。

衣身中心与图案中心吻合。

衣身中心与图案中心
不吻合。

左右图案对称。

左右图案不对称。

布料花样与方向

整体看起来利落大方。

图案的位置缺乏统一，
看起来十分杂乱。

◎格纹

选用格纹的布料，在缝合肋边线等位置时，要小心别让图案产生过于明显的差异，将其对齐后再裁剪。配色简单大方的图案，可以让我们充分享受设计的乐趣。

Point: 将格纹的中心对齐衣身的中心线，使缝合位置的图案能够拼接起来。

○

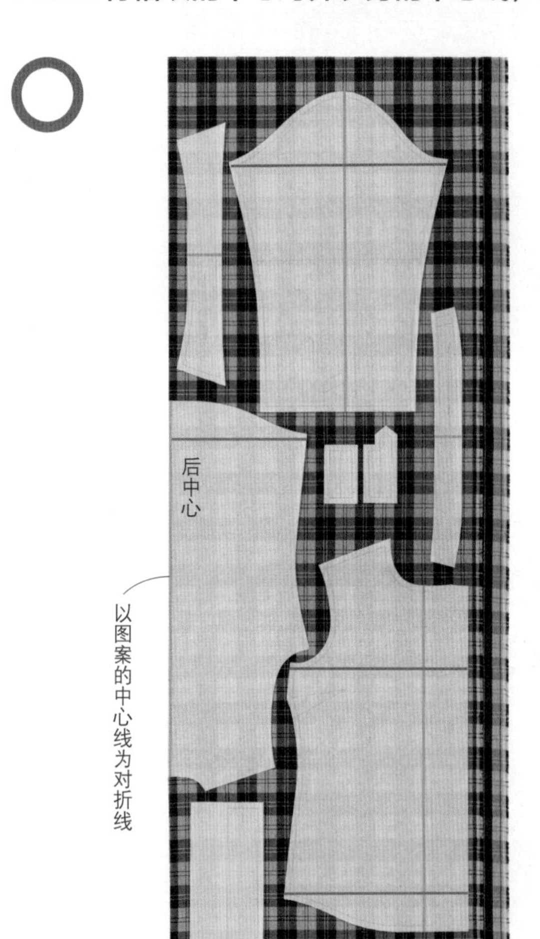

先以图案的中心线为对折线，将布料对折，使格纹左右对称。将纵向的图案中心对齐衣身的中心线，并拼接前后衣身及袖子的横向花样。由于前肋边有尖褶设计，因此处理横向图案布片时，要将图案对齐肋边线的下摆。

×

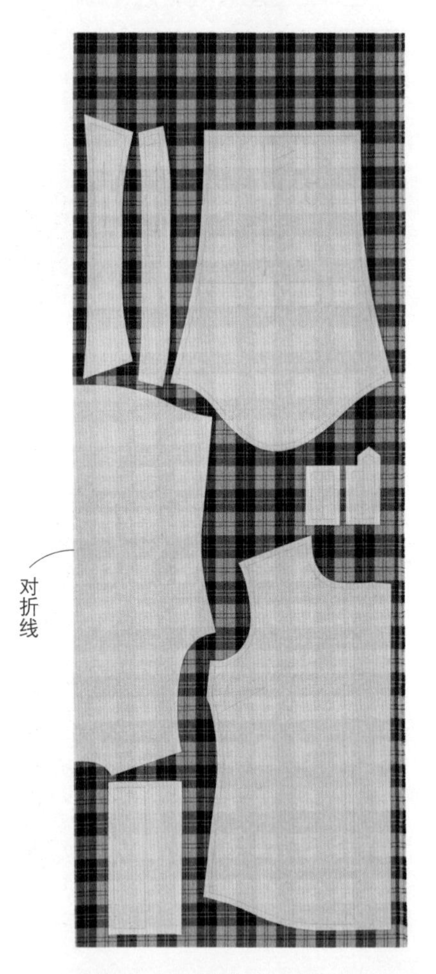

对折后，由于对折线的部分并没有与图案中心对齐，不仅后中心的图案错位，左右两边也没有对称。

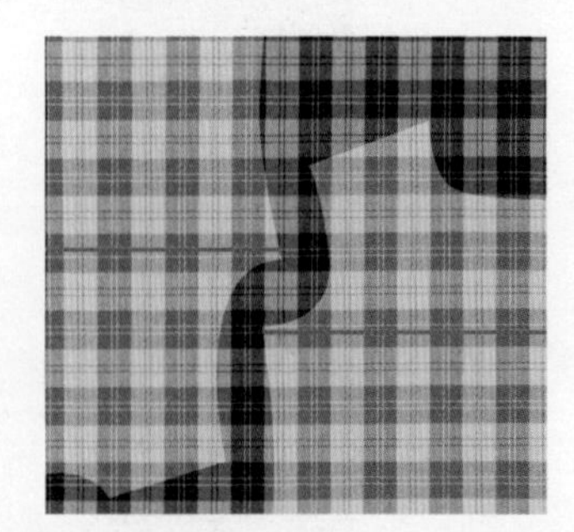

如果肋边线上没有尖褶，就将横向格纹对齐在袖底位置上。

衣身中心与图案中心吻合，图案左右对称。

整体视觉效果较显眼，腰线较高，衣领位置也能清楚看见。

左右袖口布的图案位置统一。

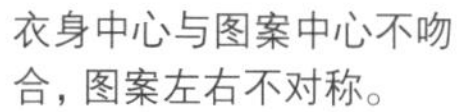

衣身中心与图案中心不吻合，图案左右不对称。

整体图案看起来十分混乱，缺乏利落感。

左右袖口布的图案位置不统一。

从前尖褶下方开始的肋边线，其前后的图案统一。

从前尖褶下方开始的肋边线，其前后的图案不统一。

◎有方向性的直条纹

选择图案有方向性的直条纹布料时，要使用纸型按相同方向摆放。
若按交叉方式排列，方向性将有所改变。

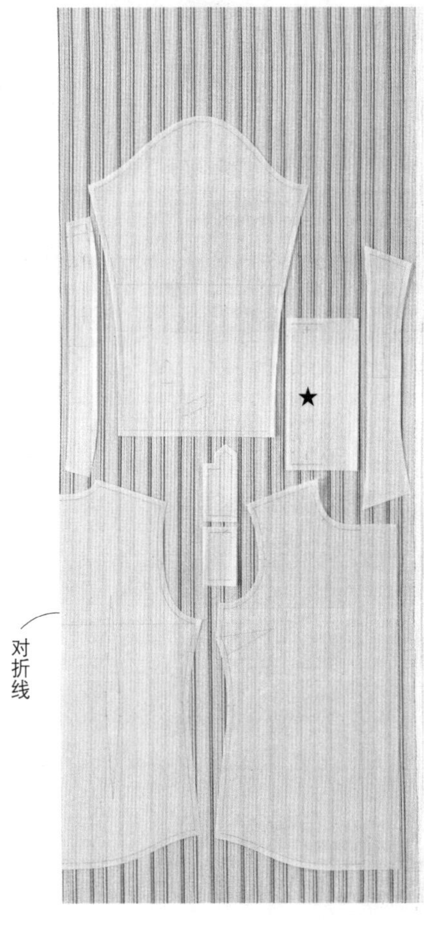

纸型同方向对齐排列。

★袖口布不必裁成双份，而是对齐左右两边的袖口花样，一片一片地进行裁布。

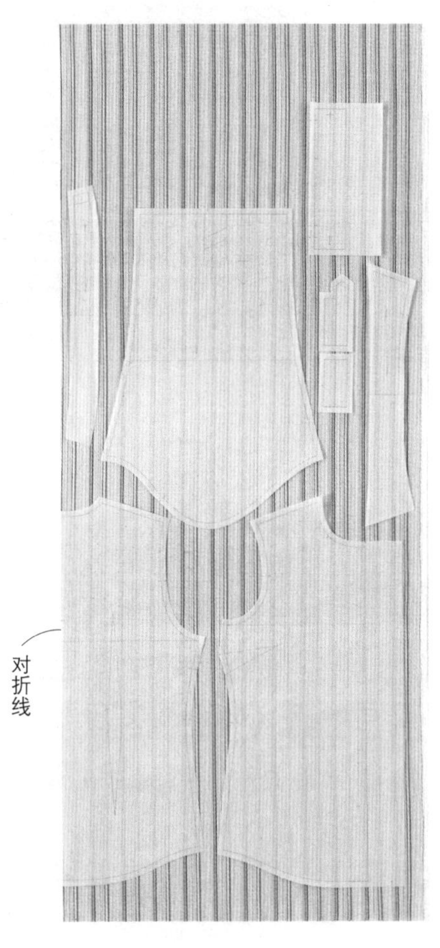

交叉放置的袖子，会出现图案方向相反的问题。

左右袖口布的图案位置相同。

左右袖口布的图案位置不同。

衣身和袖子的图案方向一致。

衣身和袖子的图案方向不一致。

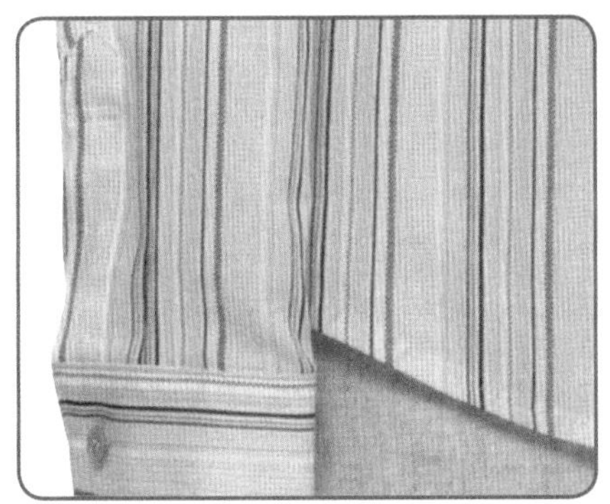

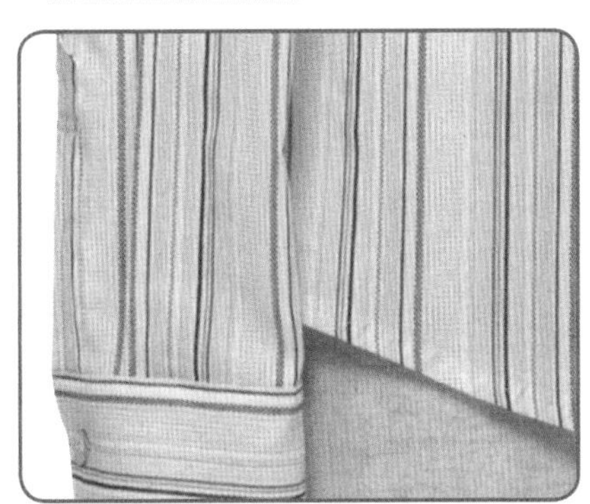

◎有方向性的格纹

选用图案有方向性的格纹布料时，要把纸型按同方向对齐排列。
当缝合位置的图案对齐，就有简单大方的感觉。
此外，由于有些布料难以分辨正反面，缝制时要特别小心别弄错！

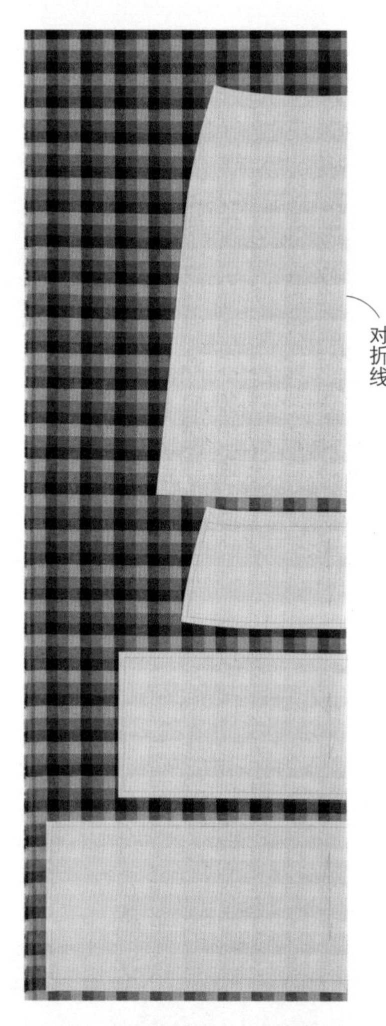

纸型按同方向对齐排列，让图案像持续接合一样对齐缝合位置，将各片纸型排放在布料上。

✕

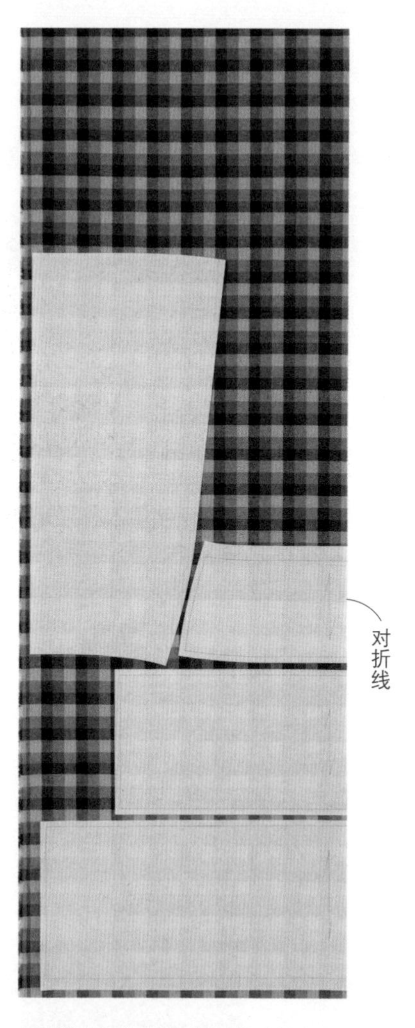

如果将纸型交叉排列，后裙片将会出现图案走向相反的问题。

图案方向一致，拼接位置的图案接合。

中段处图案方向相反，使得整体看起来头重脚轻，缝合后的方向性也产生差异。

前后片的图案一致。

前后片的图案方向混乱，图案也无法接合。

◎棉绒

选用有绒毛的素材时，必须将绒毛方向全部统一为顺毛或逆毛。
拼布时，通常是用逆毛方向。

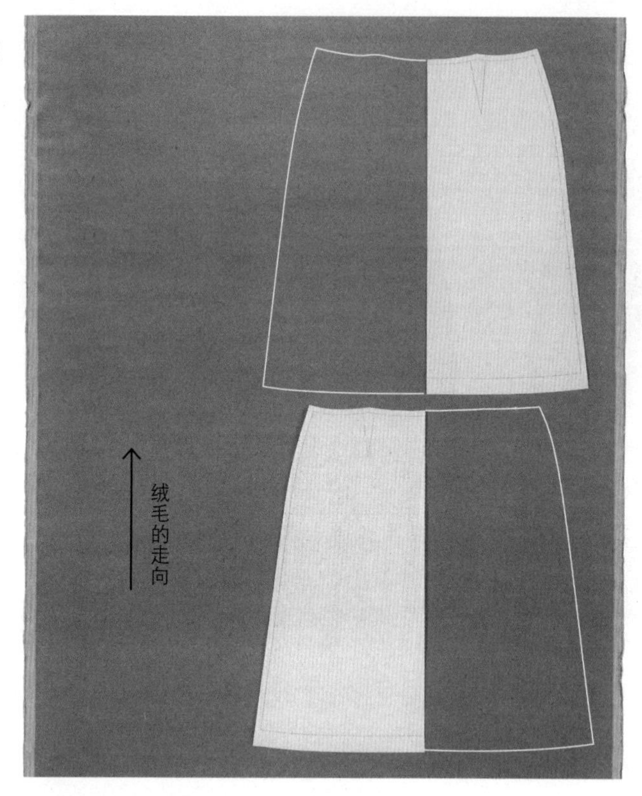

将纸型朝同一方向配置，一片一片裁剪。

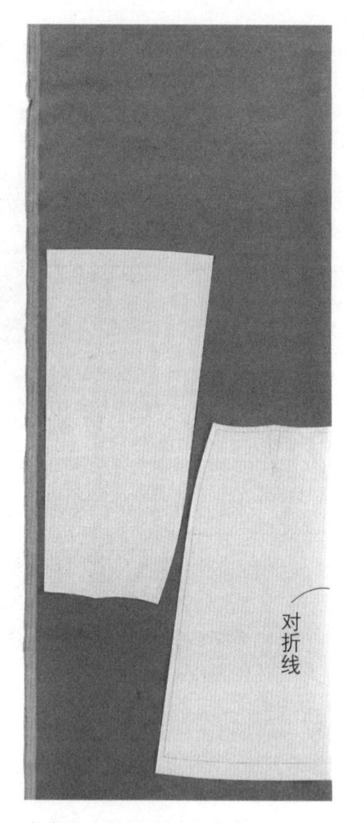

后中心有接缝线，若选用交叉的配置方法，能利用的尺寸会变少，前、后片的绒毛走向也会产生差异。

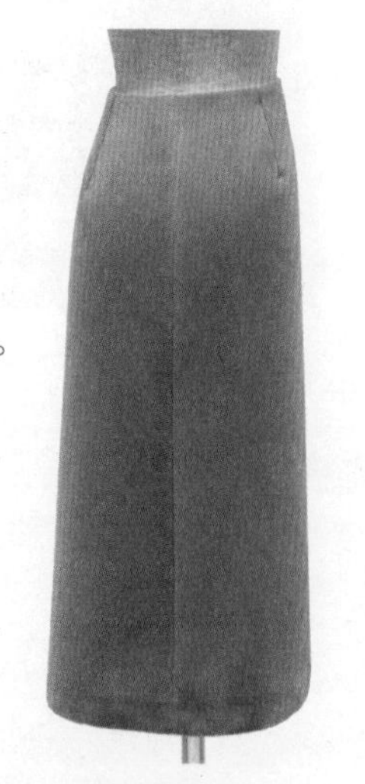

前后的绒毛走向一致。

前片为逆毛，后片为顺毛。由于前、后片的绒毛走向有所差异，连颜色看起来都不一样。

裁剪绒毛较长的布料

选用绒毛较长的人造毛皮素材时，
不仅要在排列纸型时按同方向摆放，裁剪时也应特别留意。
要小心别将绒毛剪坏，仅裁剪基底布部分即可。

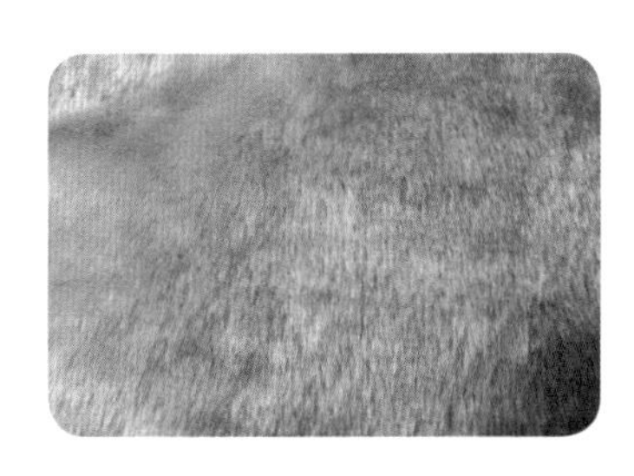

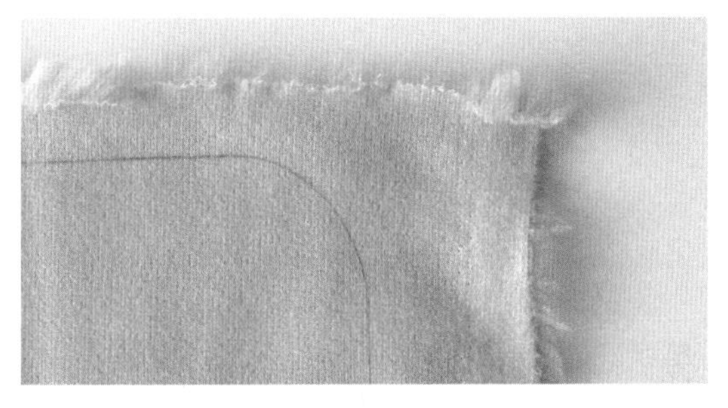

1 在背面描绘裁切线。

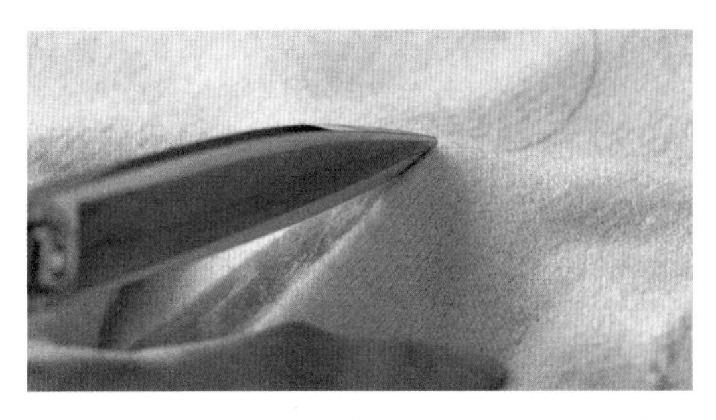

2 用剪刀的前端将布料稍微挑起，往前裁剪基底布。

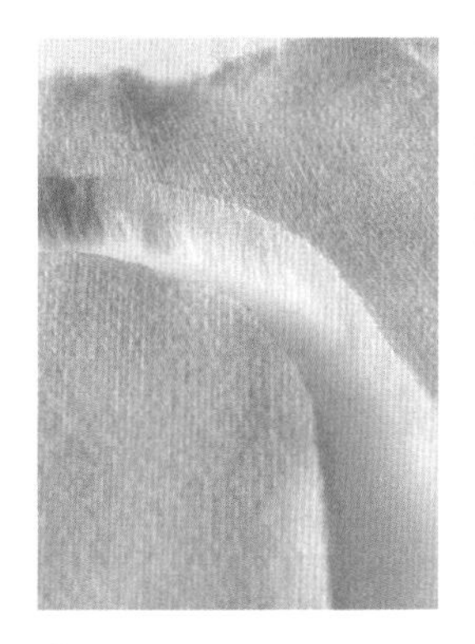

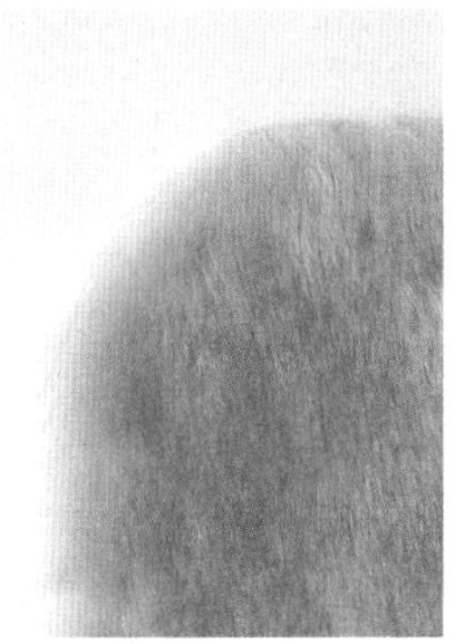

3 毛屑较少，还能完整保留绒毛。

如果连同绒毛一起裁剪……

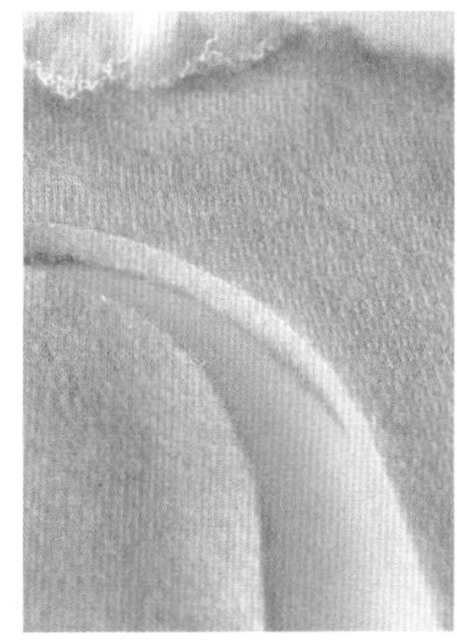

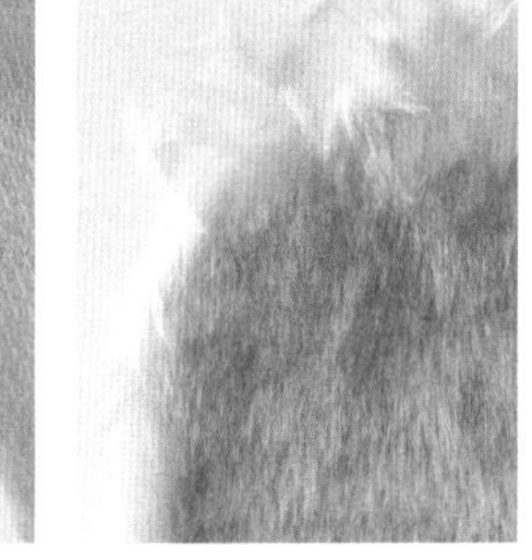

毛屑较多，边缘的绒毛也遭到破坏。

布料花样与方向

裁剪毛圈布时，方法也相同

针对背面有毛圈的针织布料，纸型应先上下对齐同方向裁剪。
虽然无法从外观看到，但穿着时一定能体会其中差异！

背面的毛圈有方向性。

裁剪布料

使用已画出缝份的纸型，进行裁剪。

使用裁布专用剪刀裁剪

◎用珠针固定纸型，再进行裁剪

Point: 仅适合可使用珠针固定的布料，不适合较厚的布料。

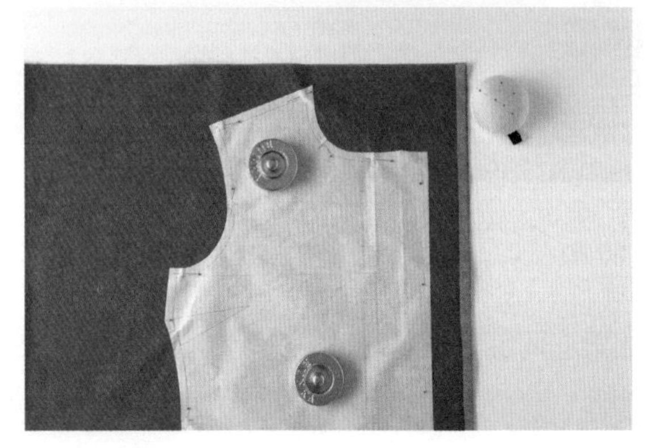

1 对齐布料及纸型的布纹线，用珠针固定。

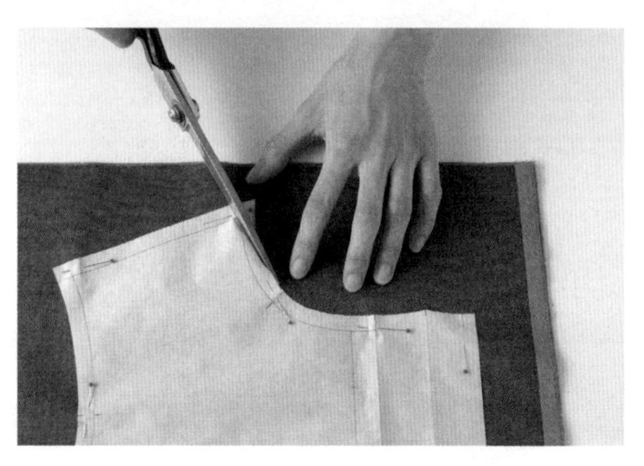

2 使用裁布专用剪刀，沿着纸型边缘进行裁布。

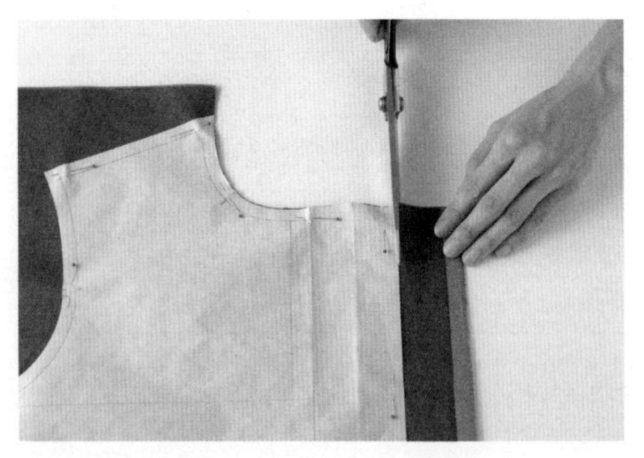

3 尽量不让剪刀离开桌面，布料保持平放。

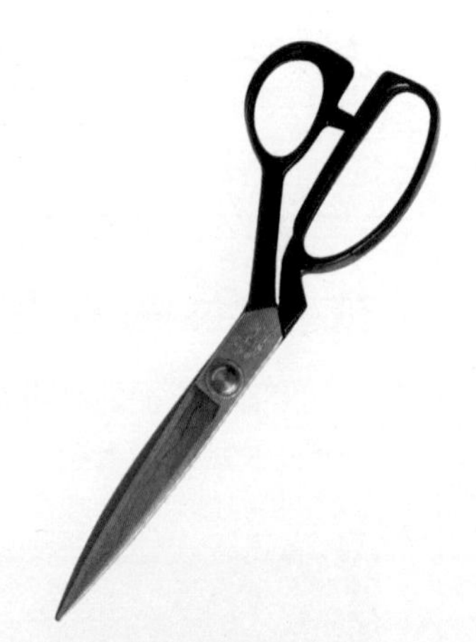

◆裁布专用剪刀

一般长度为22~24cm。裁布应与剪纸专用剪刀分开使用。

◎描绘裁切线，再进行裁剪

如果选择较厚的布料，用珠针固定时，容易造成布面浮凸而无法维持平整，这时可先描绘切线，再移除纸型进行裁剪。

Point: 在布料的背面标注记号，再将正面相对折合进行裁剪。

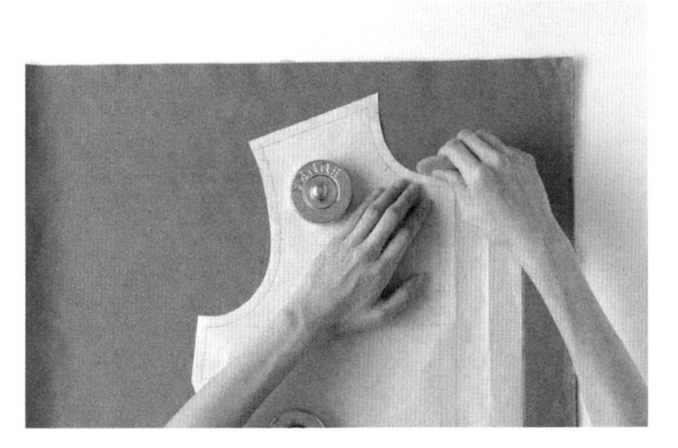

1 对齐纸型及布料的布纹线，用纸镇固定，再用粉片描绘裁切线。

2 合印记号等标注完成后，移开纸型。

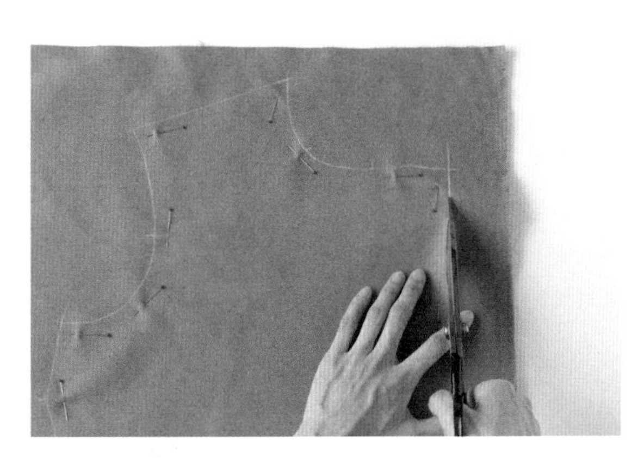

3 为了避免布料移动，先在裁线边缘别上珠针固定，再进行裁剪。

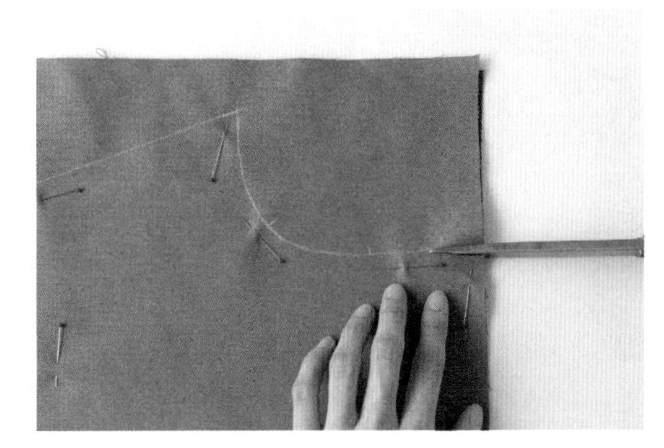

4 裁剪时，应沿着线框的内侧，将记号都剪去。

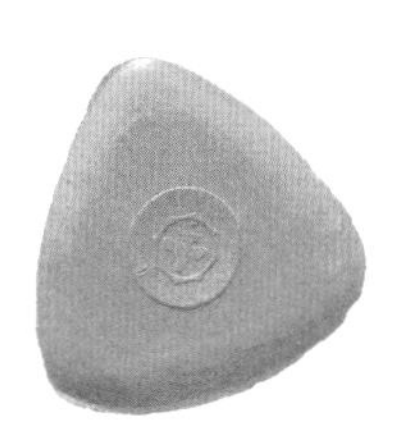

◆粉片

粉片含有滑石粉，用于标注记号。

使用轮刀裁剪

使用轮刀进行裁剪，可以避免剪刀裁剪时造成的布面浮凸问题，让成品精确而美观。

1 对齐纸型及布料的布纹线。

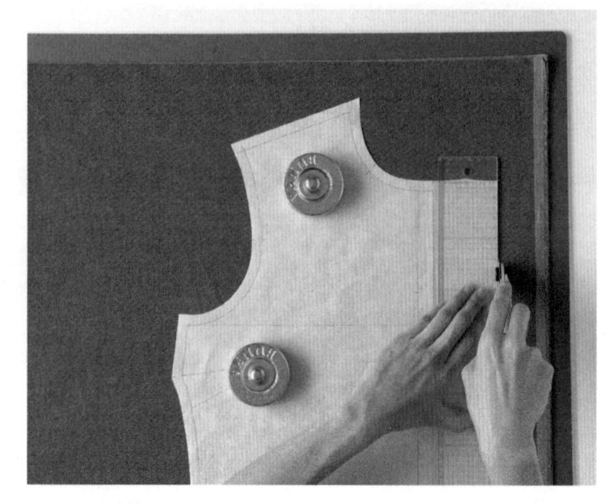

2 用纸镇固定避免移动。直线部分用直尺靠紧，漂亮地切割。

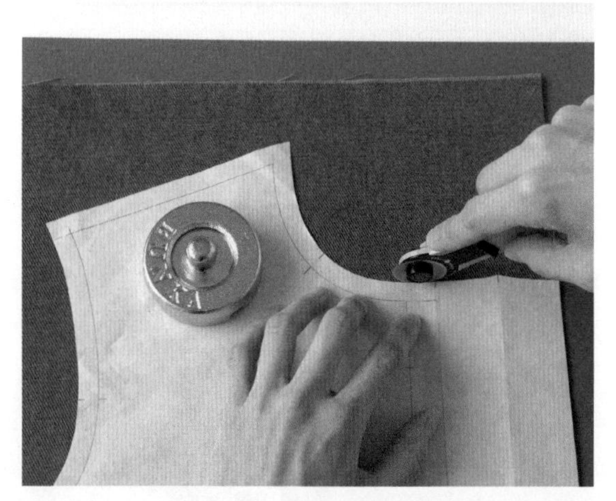

3 至于曲线部分，则沿着纸型边缘，一点一点地切割。

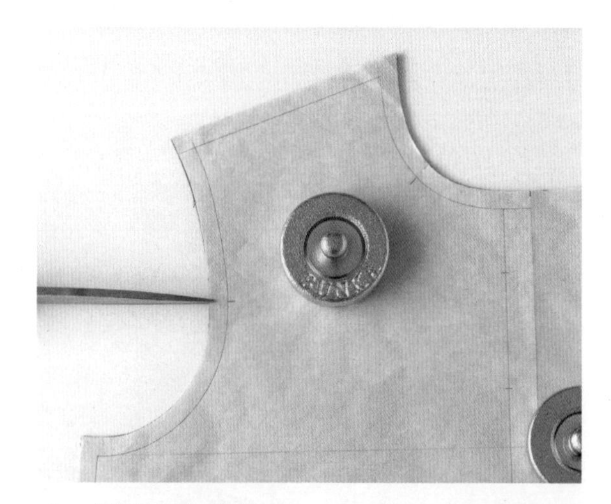

4 合印记号处，剪出牙口。

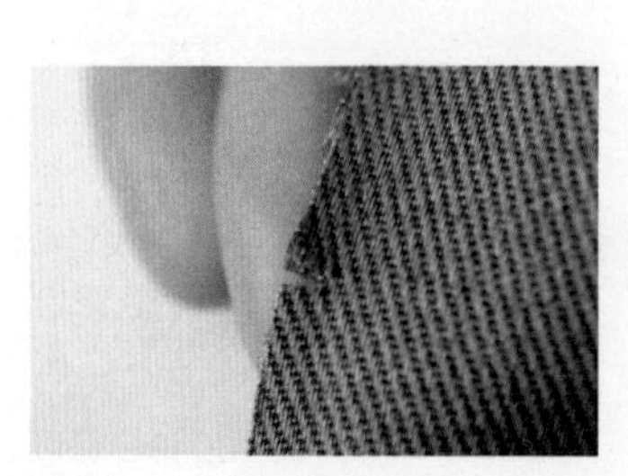

【牙口】
在缝份上，向内剪开的若干小型缺口（长度0.3~0.4cm）。

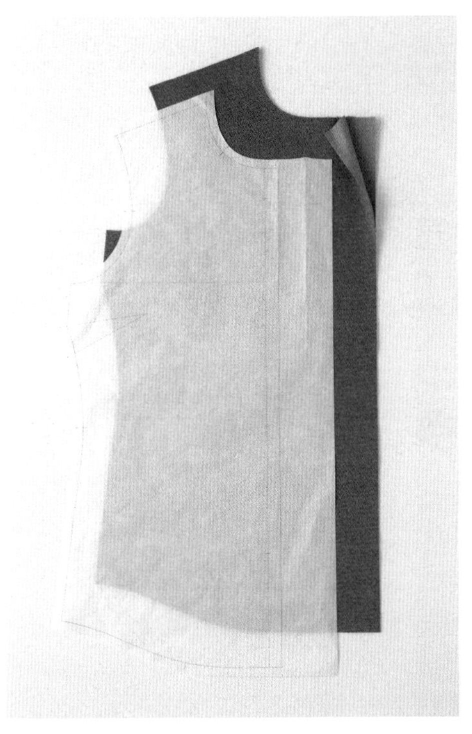

5 完成。

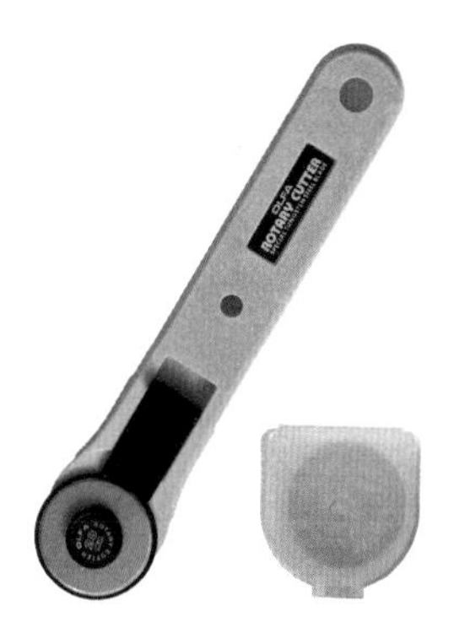

◆轮刀&替换刀片

以滚动方式进行切割的圆形刀刃工具，图示为直径28mm的款式。不只用于布料或纸张，连薄橡胶板、底片等较难切割的素材，也能轻松处理。

遇到这种情况时……

使用轮刀进行切割、可以避免用剪刀裁剪造成的布面浮凸问题，
因此特别适用于裁剪叠合后的轻薄布料（如欧根纱、薄纱、里布等）。

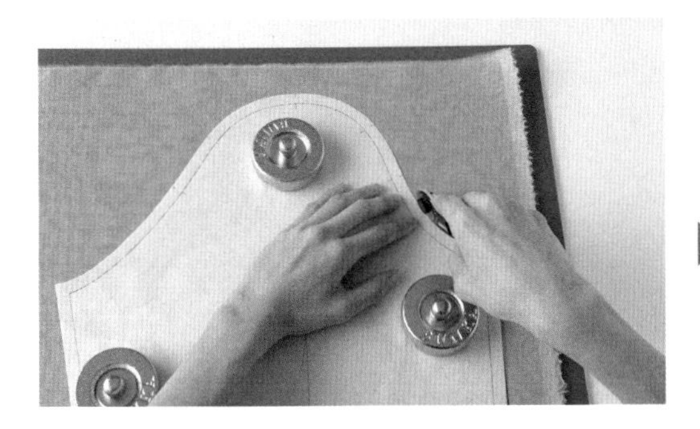

用纸镇固定纸型，避免移动，再进行裁剪。

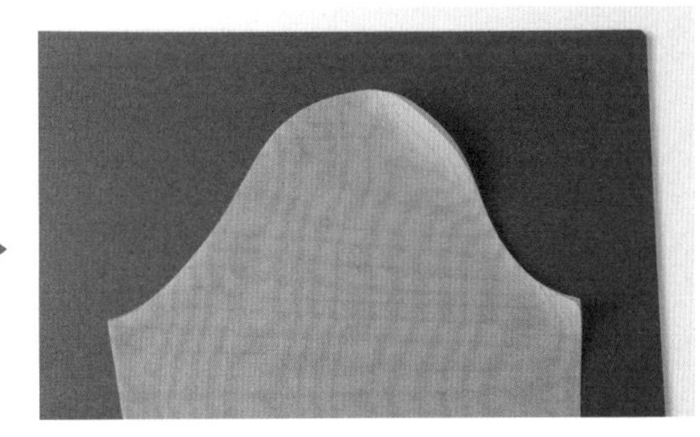

这样就不用移动布料，就能直接漂亮地切割出同样尺寸的布料。

裁剪黏合衬

熨烫黏合衬时，可先裁剪后贴上，或贴上后再进行裁剪。

部分贴衬

◎制作贴衬部分的纸型并裁剪

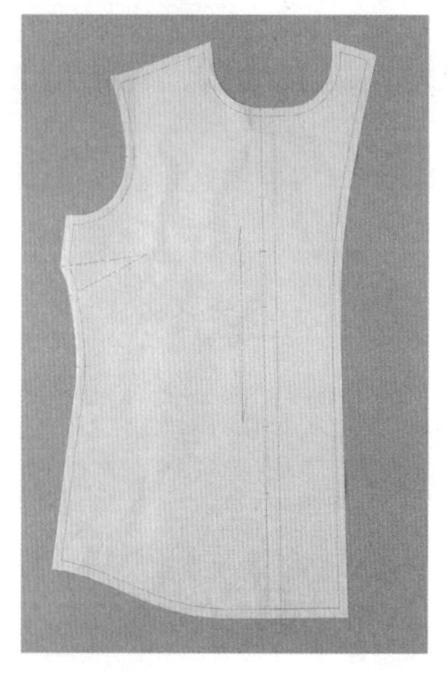

1 在表衣身的纸型上画出要贴衬的部位。

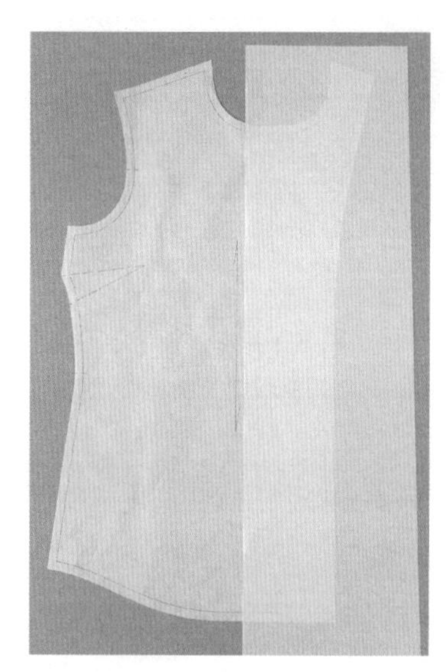

2 确认贴衬的位置，叠上一张白报纸描绘纸型。

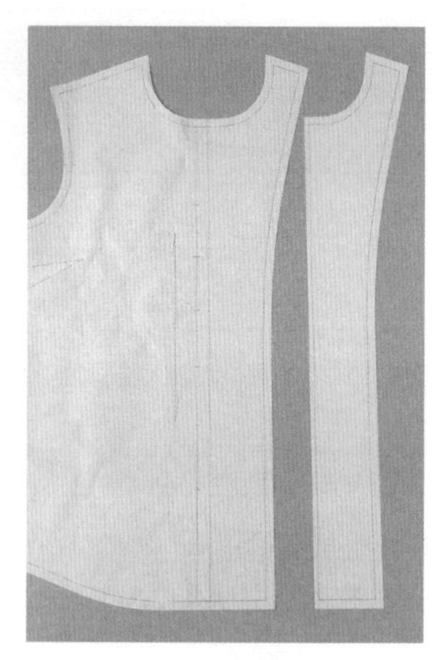

3 黏合衬的纸型做好了。

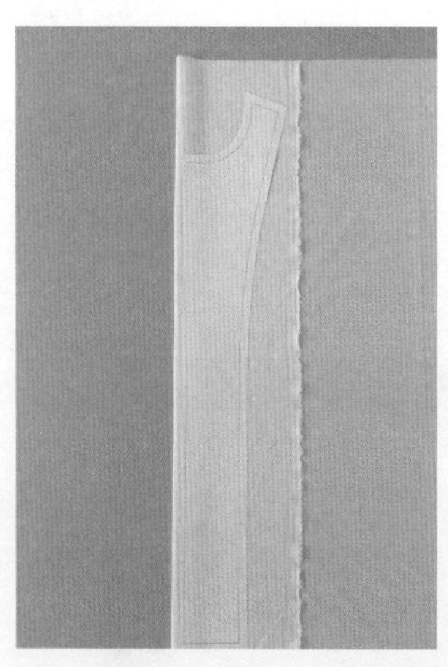

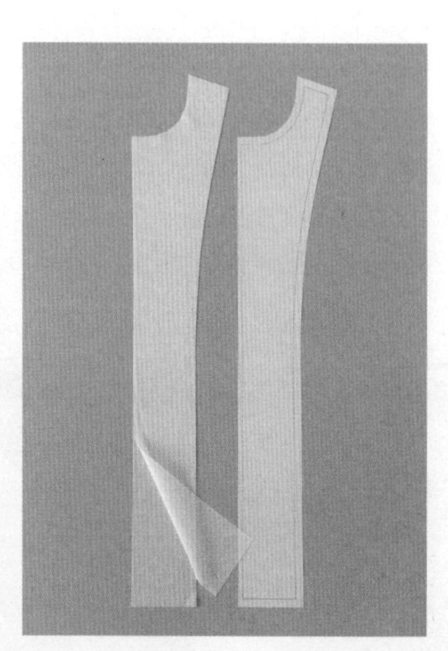

4 对齐纸型及黏合衬的布纹线，进行裁剪。

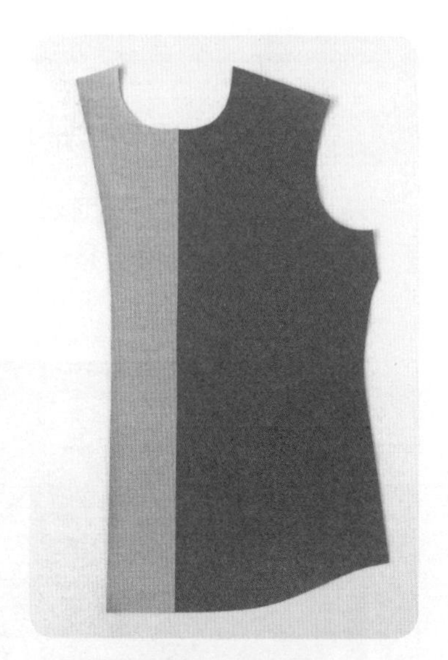

将黏合衬烫贴在表布的背面。

◎直接用表布（衣身）的纸型裁剪

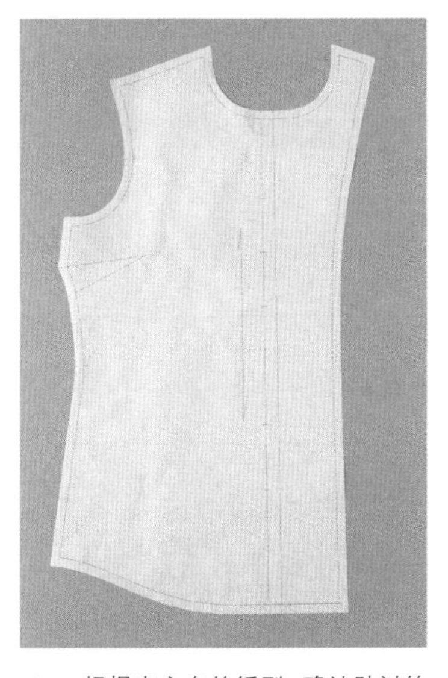

1 根据表衣身的纸型，确认贴衬的位置。

2 将表衣身的纸型，放置在已确认贴衬宽度的黏合衬上。

3 使用复写纸，在纸型内侧的贴衬位置上进行描边。

4 接着用粉片描绘外侧的裁切线。

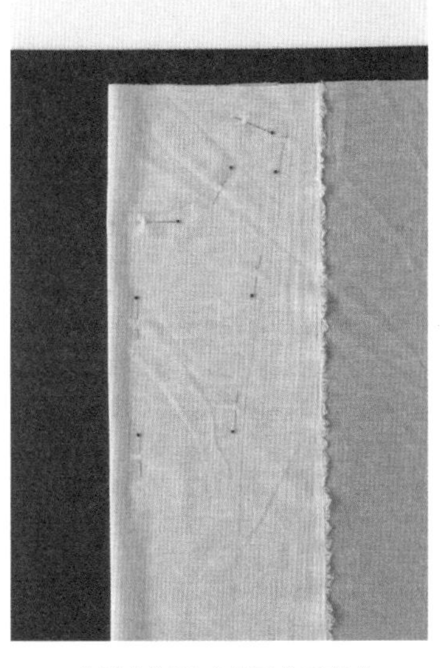

5 将贴合衬用珠针固定后裁剪。

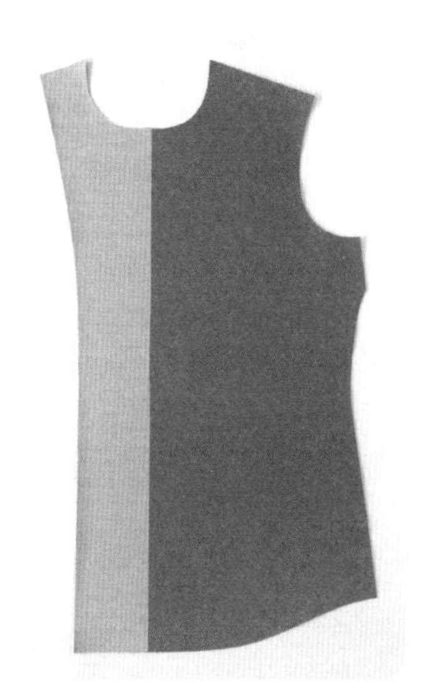

将贴合衬烫贴在表布背面。

全部贴衬

◎分别裁剪表布及黏合衬

与裁剪表布的方法相同，利用纸型来裁剪黏合衬。

1 用相同的纸型，分别裁剪表布及黏合衬。

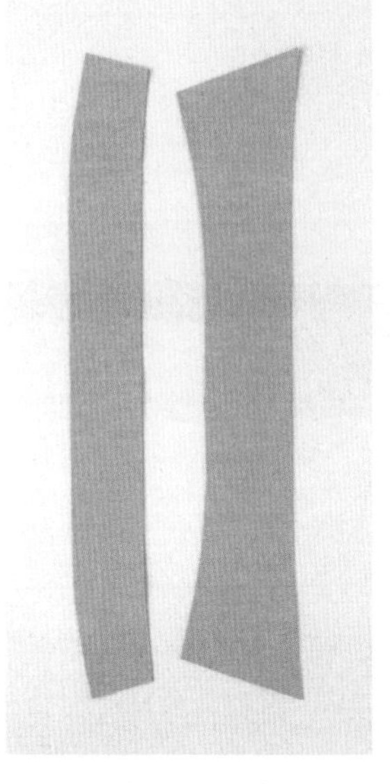

2 将黏合衬烫贴在表布背面。

裁剪前，请务必要先利用零碎布片贴衬。由于黏合衬在经过烫压后，容易缩小，因此可先粗裁、烫贴黏合衬后，再进行裁剪。或顺序相反，先进行裁布，再烫贴黏合衬。

◎粗裁表布与黏合衬，贴衬后进行裁剪

1 分别粗裁表布与黏合衬。

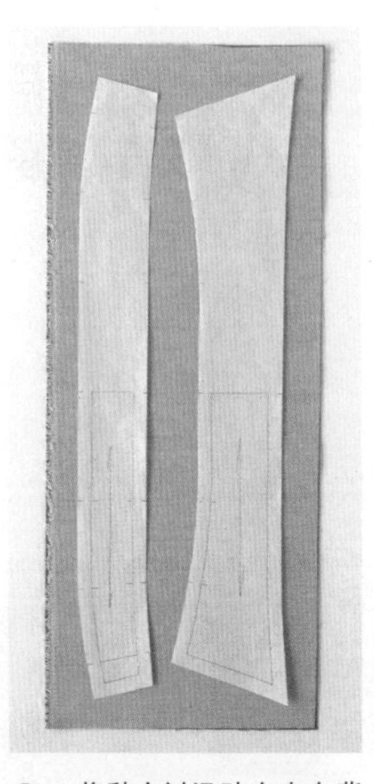

2 将黏合衬烫贴在表布背面，再重新放上纸型。

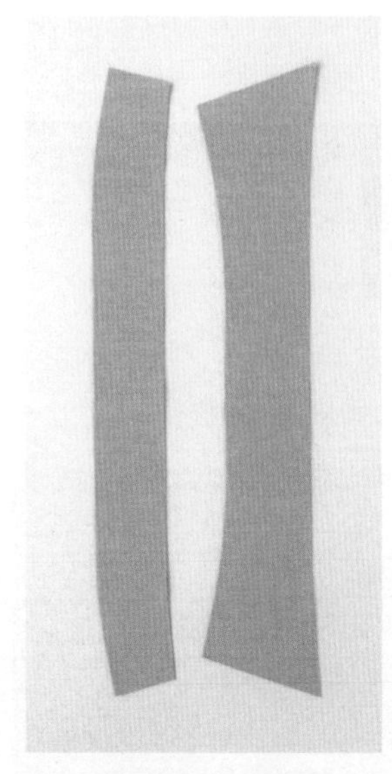

3 沿着纸型进行裁剪。

标注记号

指标注纸型内侧的完成线记号。使用粉土笔工具时，一般在布料背面进行绘制。

口袋位置

◎在布料背面标注记号

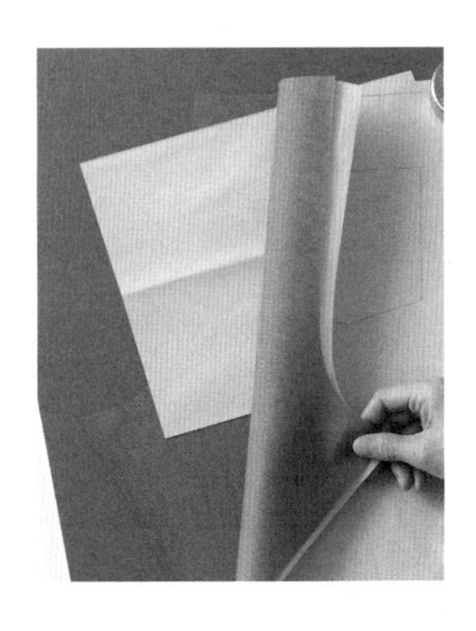

1 将布料背面相对叠合，夹入一张双面复写纸。

2 在想要描绘的线上，用点线器标注记号。

3 布料背面上已标明了口袋位置。

◎在布料正面标注记号

Point:在作品完成后看不见的位置标注记号。

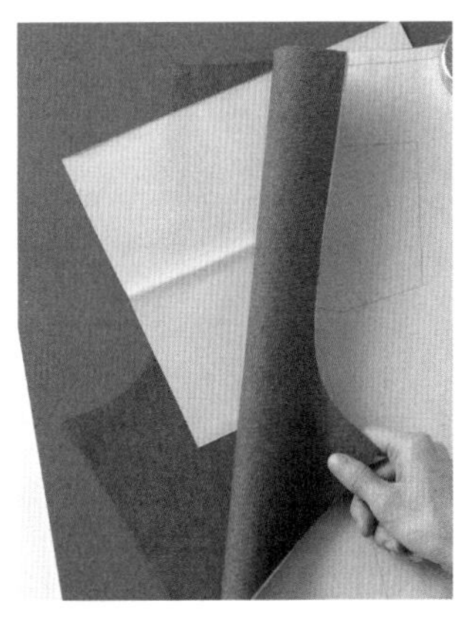

1 将布料正面相对叠合，夹入一张双面复写纸。

2 在实际缝纫位置的内侧，用点线器标注记号。

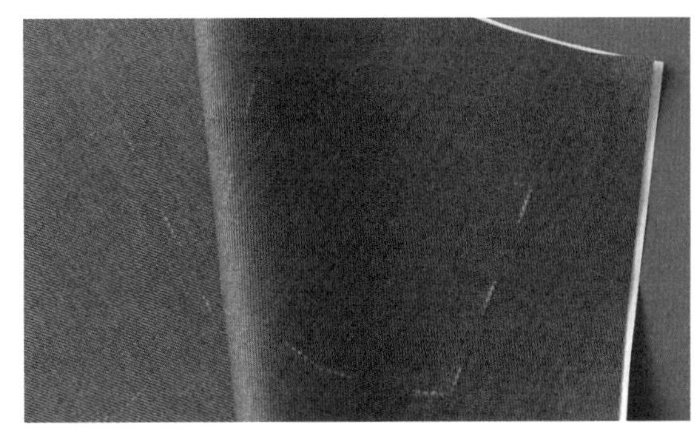

3 布料正面上标注了口袋位置内侧的记号。

尖褶位置

◎在布料背面标注记号

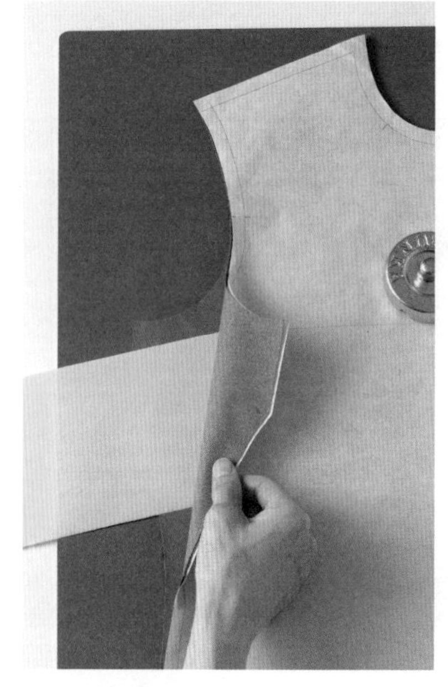

1 将布料背面相对叠合，夹入一张双面复写纸。

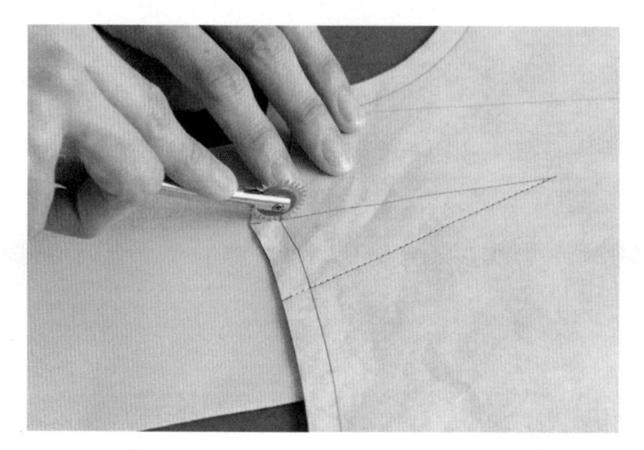

2 用点线器标注记号。

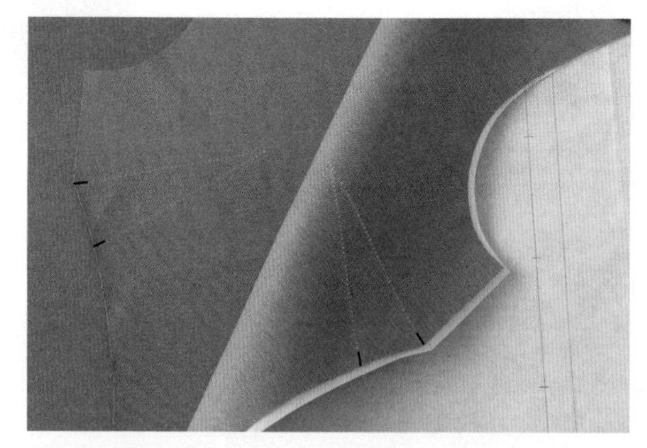

3 边缘剪出牙口。

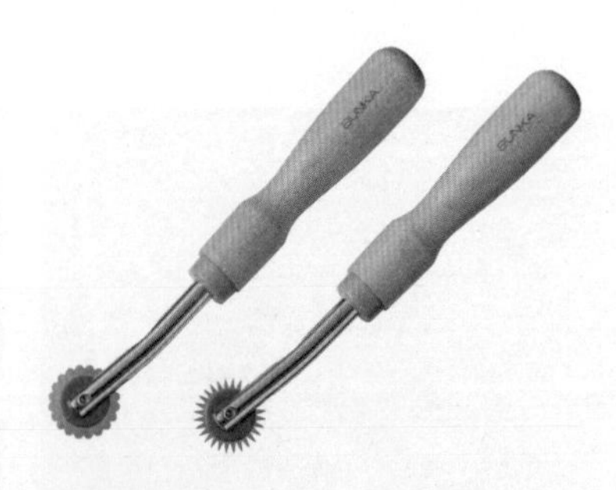

◆点线器

在绘制纸型，或想在布料的双面标注记号时，都可使用点线器来协助；而在布料上标注记号时，还会搭配复写纸一起进行。

虚线点线器

对布料不易造成伤害。适合用在薄布料不搭配复写纸的情况。

点状点线器

比起虚线点线器，点状点线器更能标注锐利而清晰的记号。若选用的是材质轻薄、脆弱的布料，可以在布边试用一下再进行实际操作。

◎不使用复写纸来标注记号

适合选用质地轻薄、颜色偏浅白的布料时，不想使用复写纸的情况。

1 使用点线器留下记号。

2 在尖褶的褶尖点，用锥子进行戳刺。

3 如果事先用粉土笔在尖褶褶尖贴画记，将能利于后续步骤的进行。

使用不含缝份的纸型进行裁剪

如果使用的是不含缝份、仅有完成线的纸型，就必须在布料上另描绘出缝份框线，再进行裁剪。

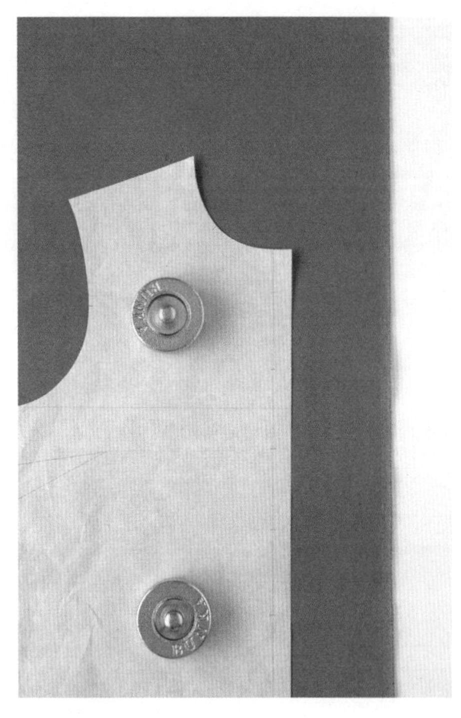

1 对齐布料及纸型的布纹线，用纸镇固定避免移动。

2 在完成线外围取必要的缝份宽度，描绘出裁切线。

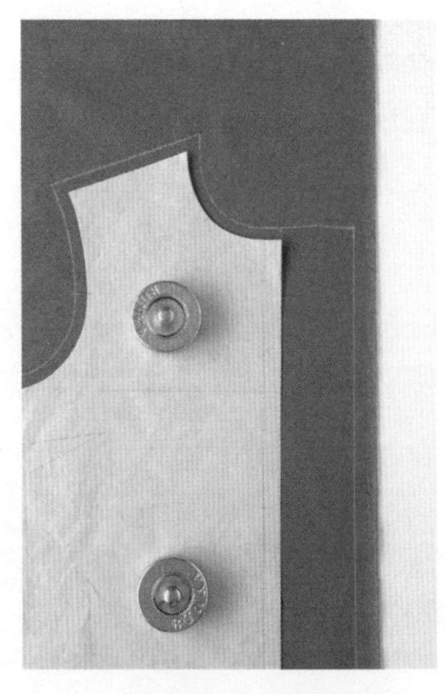

3 绘制合印记号备用。

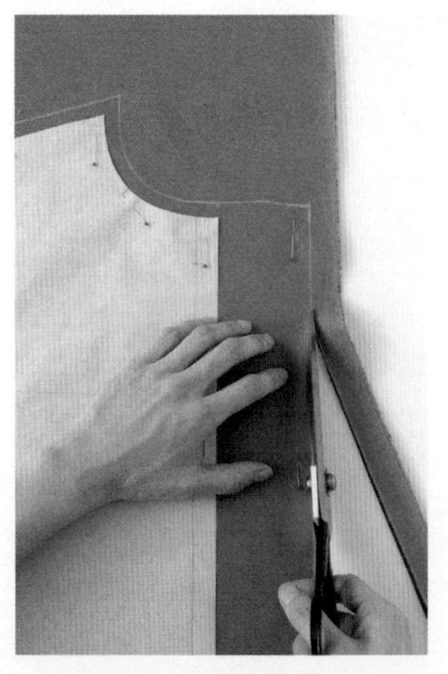

4 用珠针固定面料避免移动，再进行裁剪。

5 完成。

想描绘完成线时 ※除了运用复写纸之外的其他标注记号方法

◎线钉法

用疏缝线进行记号的标注方法。

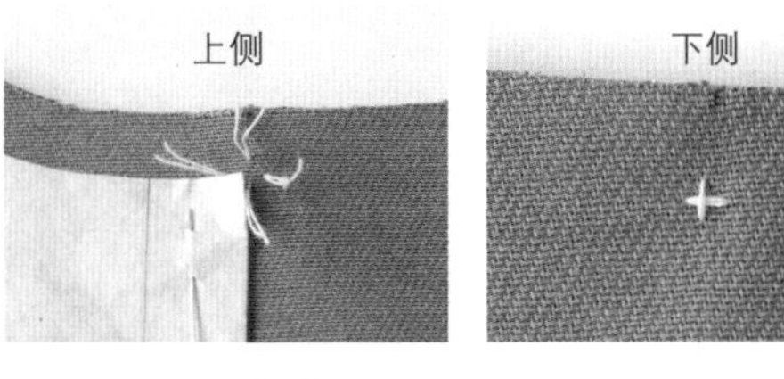

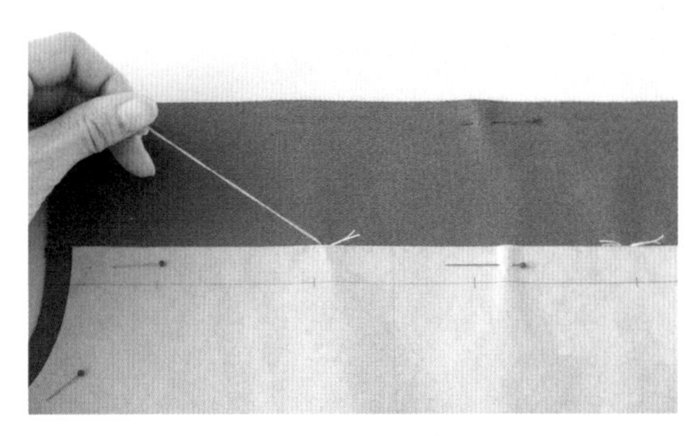

1 用两股疏缝线，一边留下线脚，一边留出间隔，在想要标注记号的部分穿线。

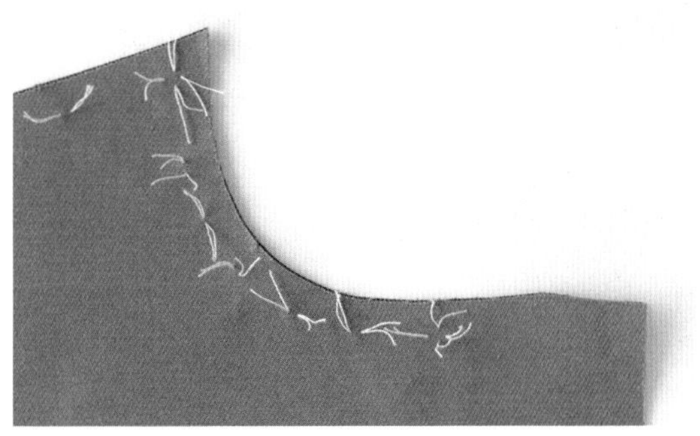

2 转角处打十字处理，曲线处则穿线固定。

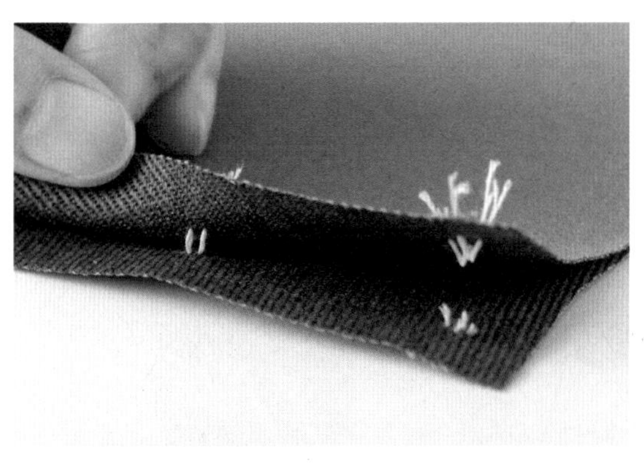

3 接着在两片布料中间剪开疏缝线，不要拔掉线。

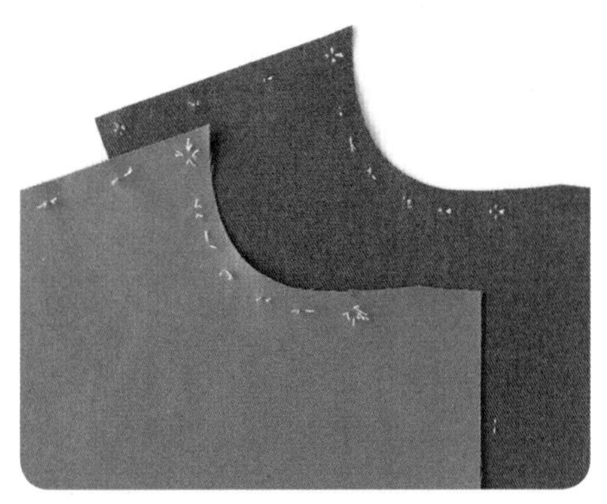

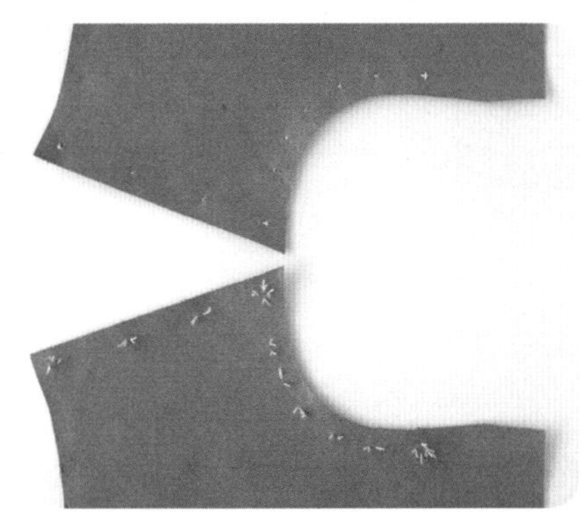

布边不够平整时

可在布边上剪牙口，使布面平整后，再进行排布。

布边不平整的样子。

在不平整的部分，每隔1～1.5cm，就往内剪出1cm以内的牙口。

剪牙口之后，布边即能呈现平整状态。

叠合两片格纹布后，再裁剪时

为了防止花样的接合错位，可每隔几个格纹花样进行一次疏缝，加以固定。

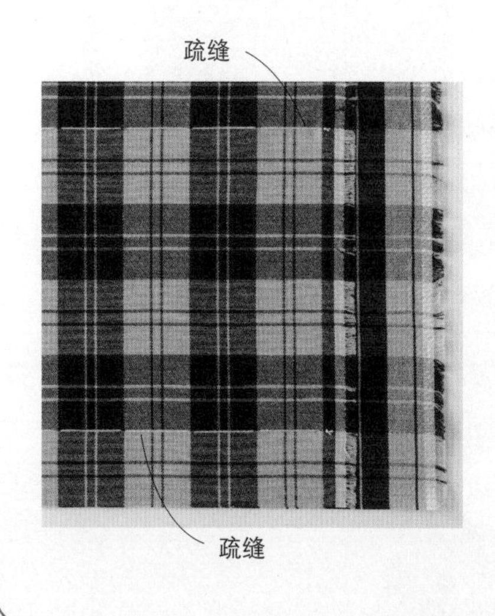

（上侧）

（下侧）

（内侧）

纸型的修正

如果原大纸型中没有想要的尺码，

或想要微调尺码时，可在裁剪时先进行纸型的修正。

在不破坏设计及整体平衡的前提下，进行各种尺码的修正。

能够自己修改纸型，做出自己的专属版型，也是手作的一种乐趣！

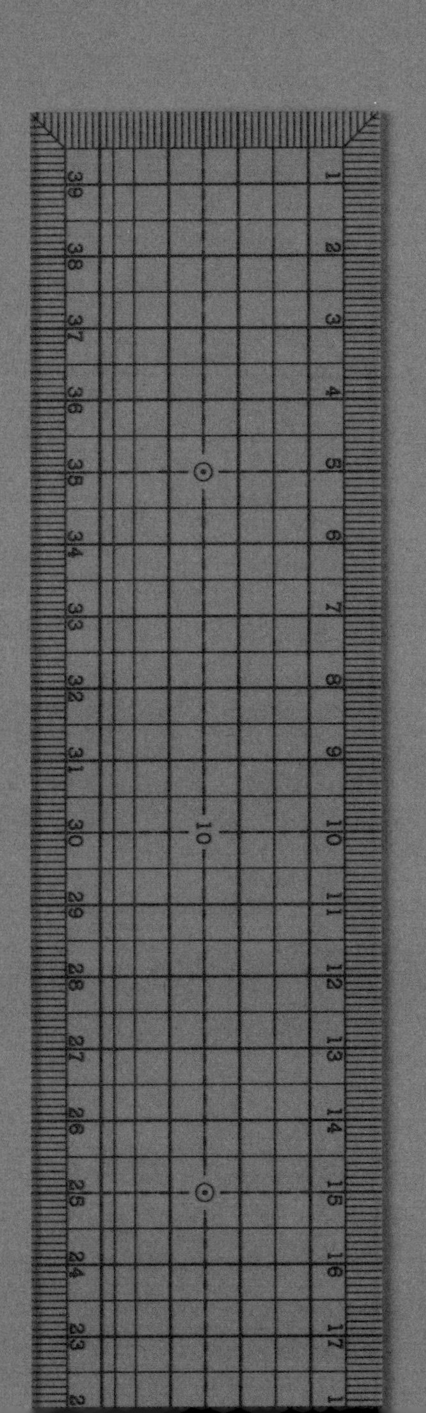

关于尺码

多数的纸型都是按“9AR”尺码来制作的。
“9AR”指的是根据JIS(日本工业规格)尺码定义日本成人女子标准体型的一种方式。

“R”是用来表示身高的记号，

R ………… 身高 158cm
P ………… 身高 150cm
PP……… 身高 142cm
T ………… 身高 166cm

如此加以区分。

在因身高不同修改衣长时，如果能考虑配合这个标准尺码，就可在确保整体平衡的状态下，进行尺码的修正。
关于宽度，通常可增减3~4cm。如果想要的纸型确实与尺码表不符，这时，可在不破坏设计的前提下，制作更符合需求的纸型。
接下来就是各种尺码修正方法的步骤解说。

纸型完成尺寸（单位：cm）

	（尺码）	5	7	9	11	13	15
上衣	胸围	87	90	93	96	99	102
	衣长	61	61.5	62	62.5	63	63.5
	肩宽	34.5	35.5	36.5	37	38	38.5
	袖长	57	57.5	58	58.5	59	59.5
裙子	腰围	62	65	68	71	74	77
	臀围	88	91	94	97	100	103
	裙长	58.6	58.8	59	59.2	59.4	59.6
裤子	腰围	62	65	68	71	74	77
	臀围	89	92	95	98	101	104
	股上	24.4	24.7	25	25.3	25.6	25.9
	股下	75	75	75	75	75	75

参考用身体尺寸

（尺码）	5	7	9	11	13	15
胸围	77	80	83	86	89	92
腰围	60	63	66	69	72	75
臀围	85	88	91	94	97	100

长度的修正

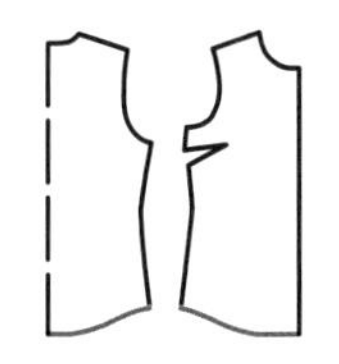

改变衣长

◎在下摆线上修正衣长

在不影响下摆线条的情况下改变衣长，必须平行沿着下摆线，进行尺寸的增减。

基本纸型

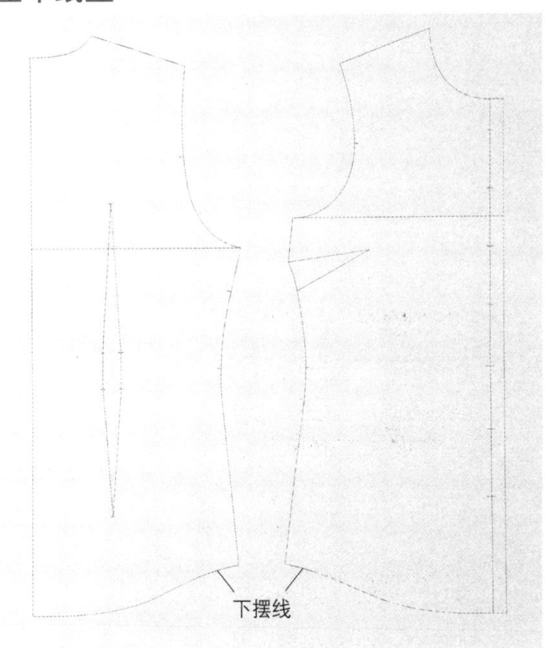

●增加衣长

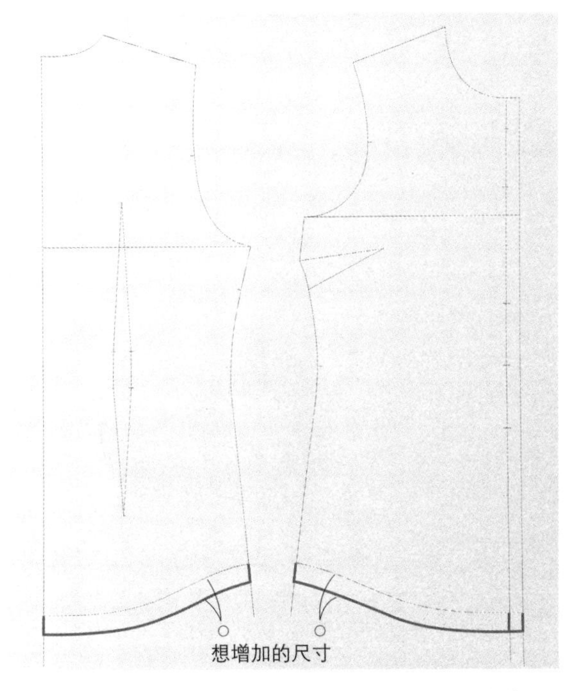

画出前端线、中心线及胁边线的延长线，再平行沿着下摆线，画出新的下摆线。

●缩短衣长

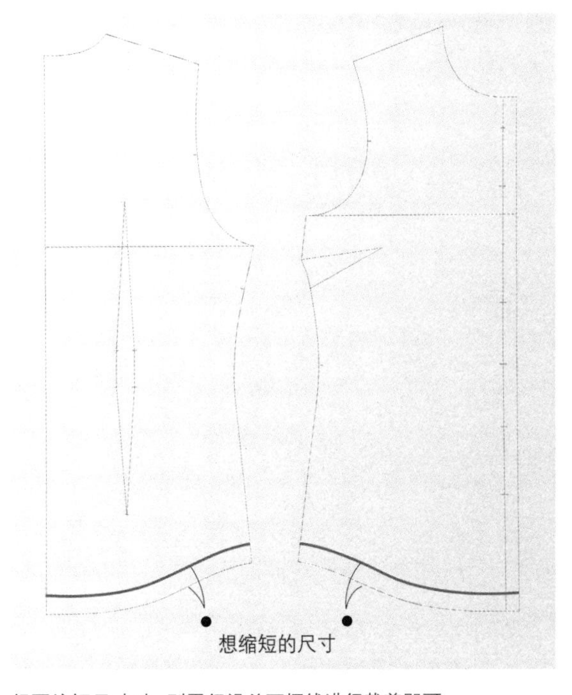

想要缩短尺寸时，则平行沿着下摆线进行裁剪即可。

◎在衣长的中间修正长度

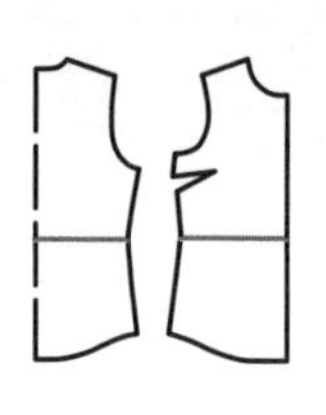

因身高关系出现衣长不合适的情况时，可以在下摆线和衣长的中间这一段距离上，进行分散式的长度增减。

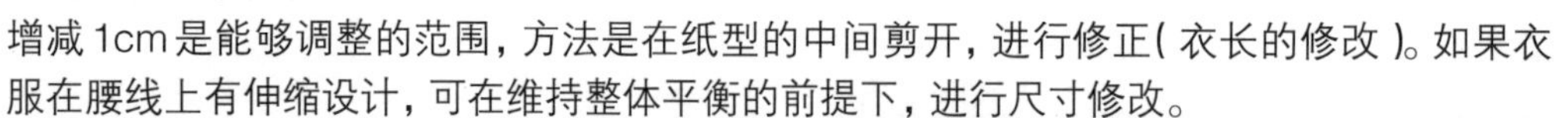

增减1cm是能够调整的范围，方法是在纸型的中间剪开，进行修正(衣长的修改)。如果衣服在腰线上有伸缩设计，可在维持整体平衡的前提下，进行尺寸修改。

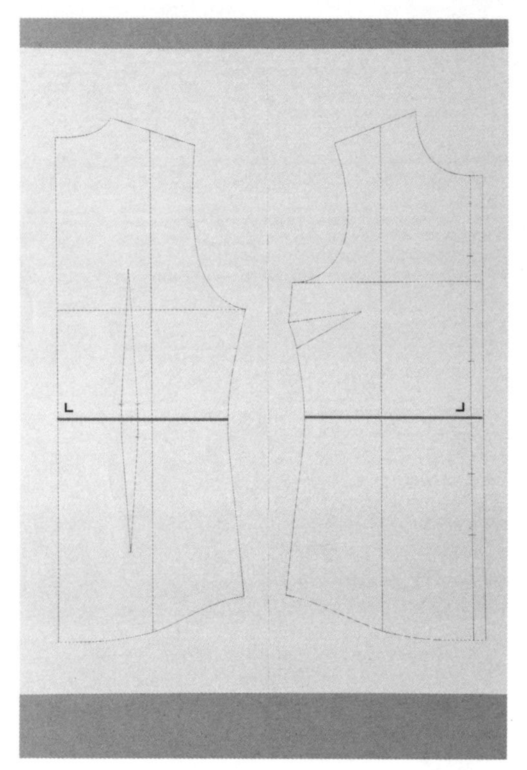

1 在前、后片的相同位置上，画一条与布纹线垂直的线，使得纸型的腰线、合印记号或较为狭窄处更为明显。

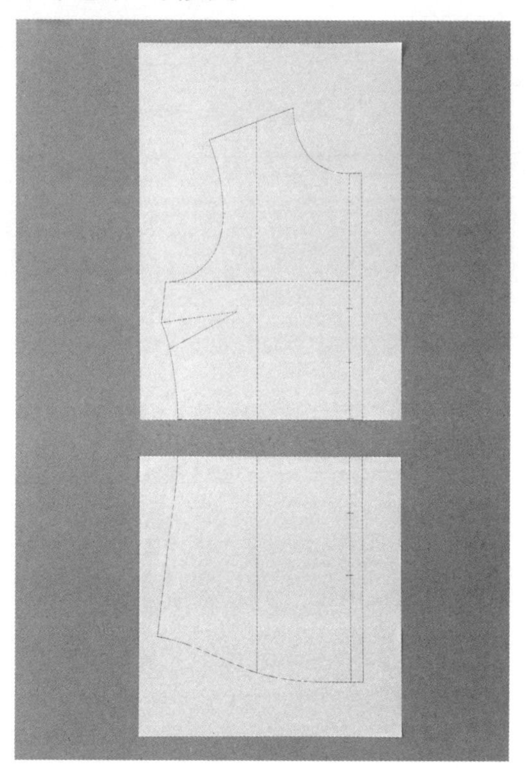

2 剪开纸型。

拼合纸型时

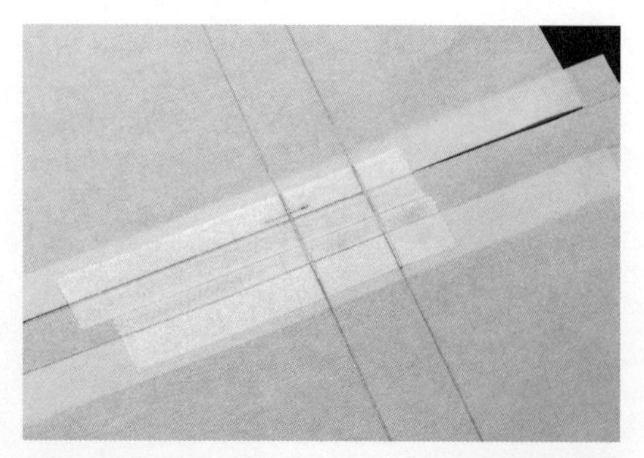

剪开纸型时，在中间夹入一张画了平行线的纸，再用隐形胶带分别贴合。
这样，不仅纸张不易错位，胶带上也可写文字。

◆隐形胶带

一种雾面的透明胶带。因为还能在胶带上写字，所以可以当修正带来用。

●身高较高，想增加衣长

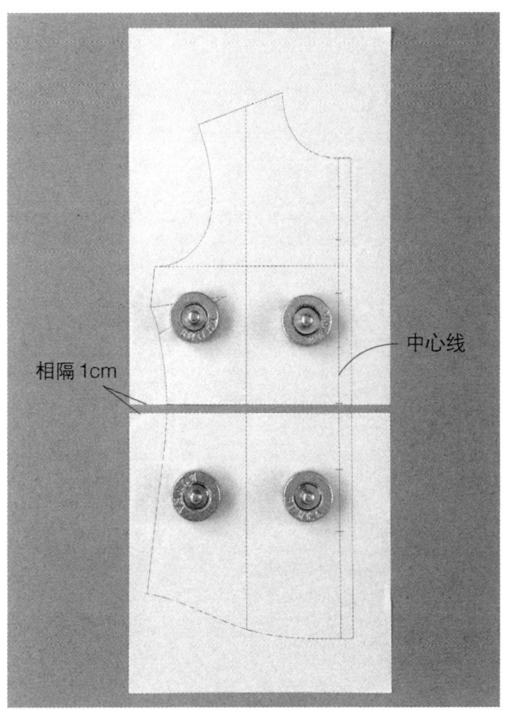

3　在中间处剪开，两片纸型相隔 1cm，要防止中心线移动。

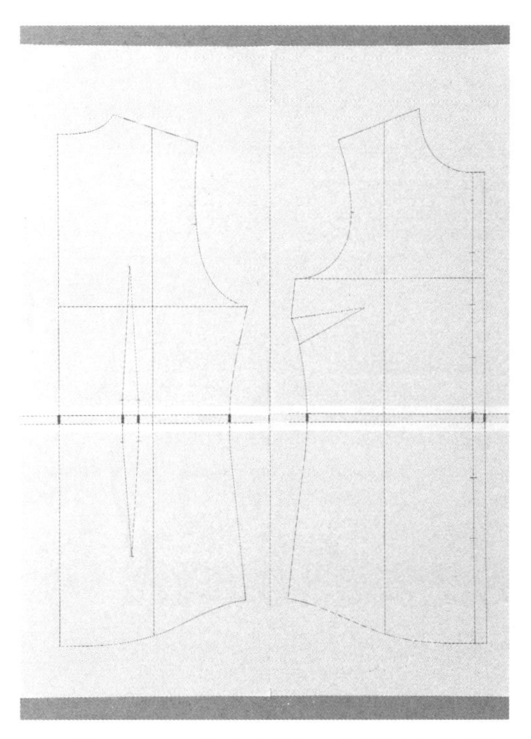

4　补足纸型隔开部分的线段，并重新绘制肋边线，使其连接。前、后衣身的方法相同。其他需增加长度的部分，则在下摆线进行调整。

●身高较矮，想缩短衣长

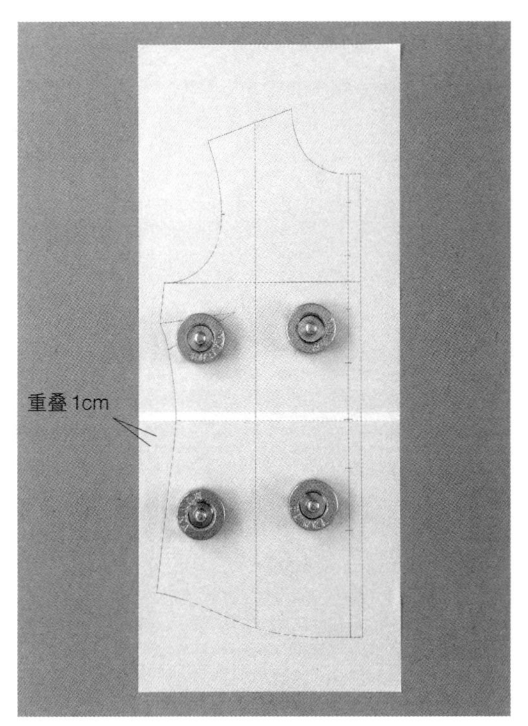

3　在中间处剪开，两片纸型重叠 1cm，要防止中心线移动。

4　重新绘制肋边线，使其连接。前、后衣身的方法相同。其他需缩短长度的部分，则在下摆线进行调整。

改变袖长

◎利用袖口线修正袖长

沿着袖口线，平行增加或缩减尺寸。

基本纸型

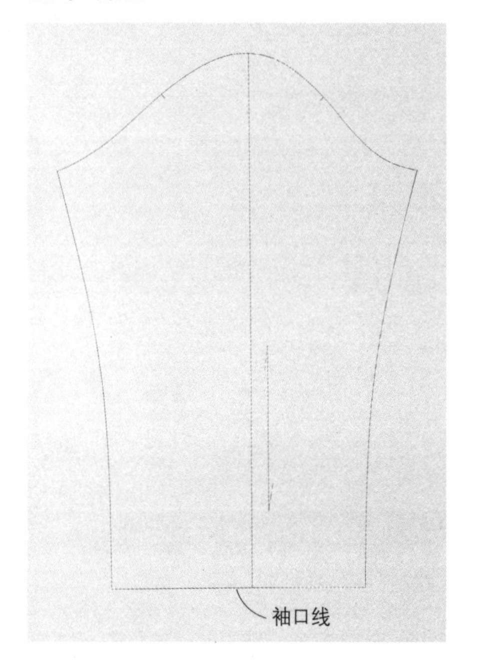

●增加袖长

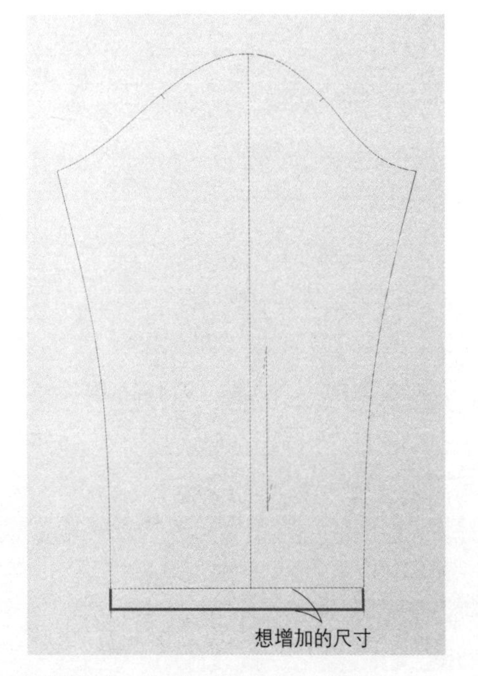

延长袖下线，沿着袖口线平行地补上想增加的尺寸。

●缩短袖长

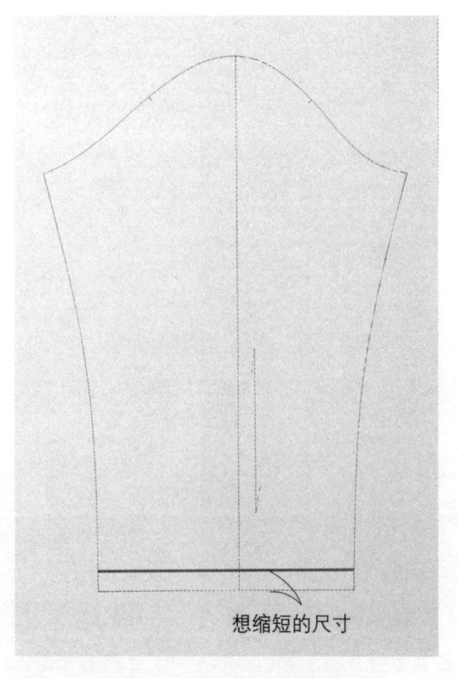

想缩减尺寸时，沿着袖口线平行地裁剪即可。

◎在袖长的中间修正长度

当无法改变袖口尺寸、袖口有抽褶设计或者还有空隙时，可剪开袖子的中间，增加或缩减尺寸。

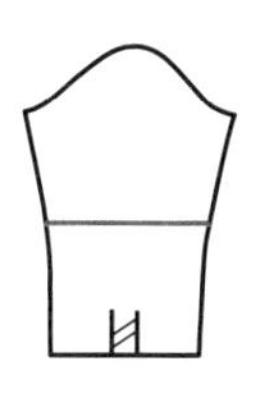

基本纸型

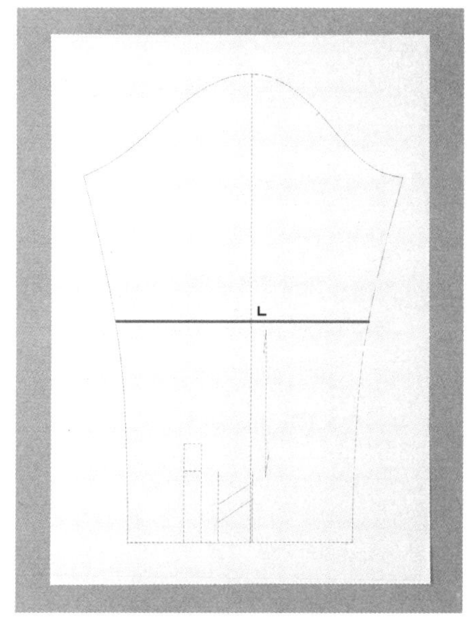

1 在EL(肘线)或袖长的中间，画一条与布纹线垂直的线。

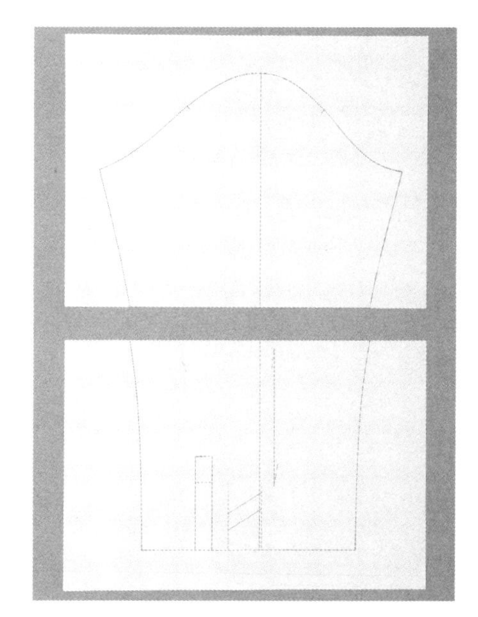

2 剪开纸型。

●增加袖长

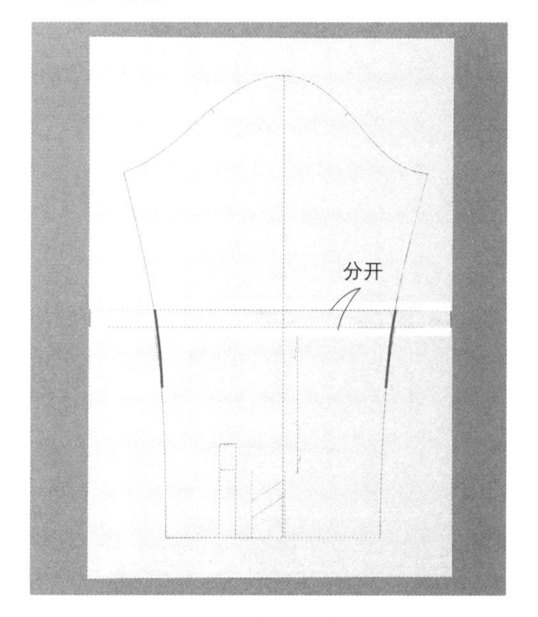

分隔出想要增加的尺寸，要小心防止中心线移动，再补上纸型的线条。接着重新绘制袖下线，使其能够平顺连接。

●缩短袖长

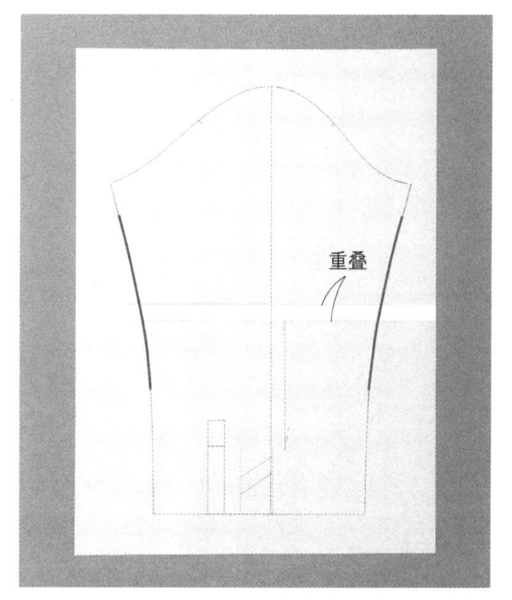

重叠想要缩减的尺寸，要小心防止中心线移动，接着重新绘制袖下线，使其能够平顺连接。

改变裙长

◎利用下摆线修正裙长

修正裙长时，只能利用下摆线进行。方法是沿着下摆线，平行地增减尺寸。
但如果增加、缩减的尺寸过大，必须同时修正下摆宽度，这一点应特别注意。

基本纸型

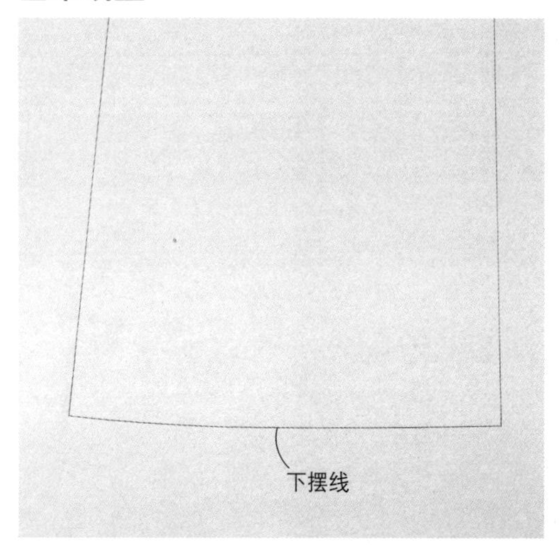

●增加裙长

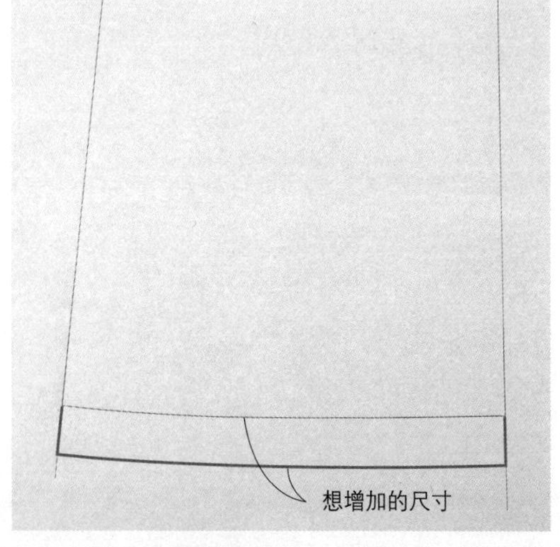

画出中心线及胁边线的延长线，再平行沿着下摆线增加其长度，前、后裙片的方法相同。

●缩短裙长

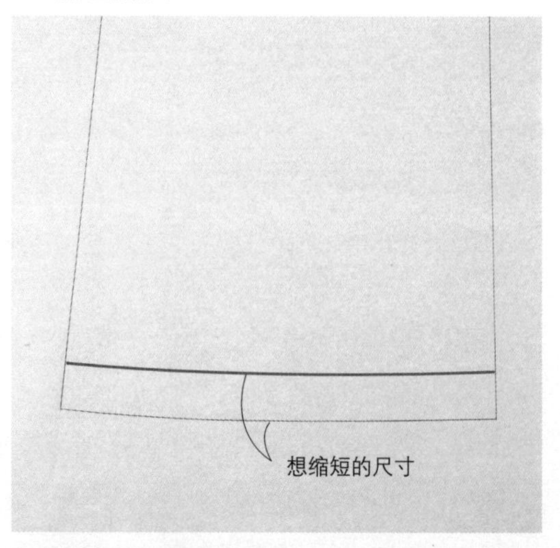

想要缩减长度时，平行沿着下摆线进行裁剪，前、后裙片的方法相同。

改变裤长

◎利用下摆线修正裤长

沿着下摆线，平行地增加、缩减想要改变的尺寸。

基本纸型

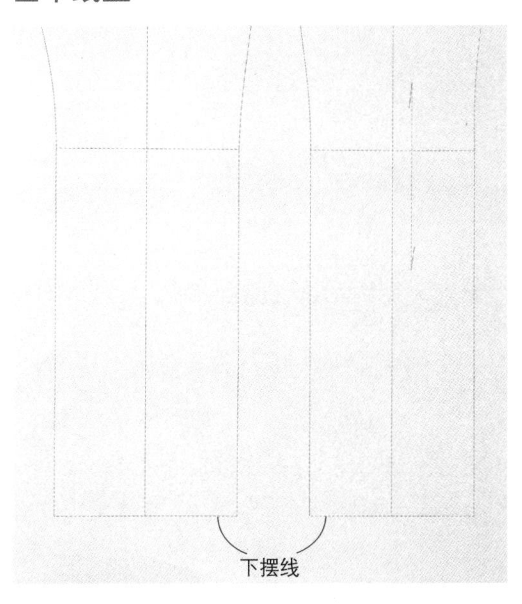

●增加裤长

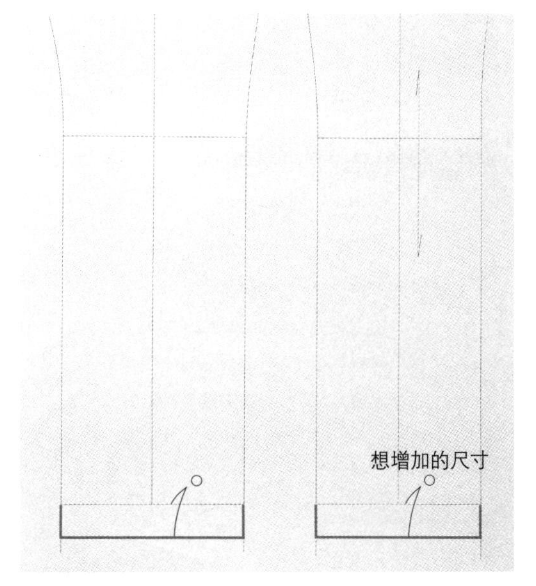

画出中心线及股下线的延长线，再平行沿着下摆线增加其长度，前、后裤片的方法相同。

●缩短裤长

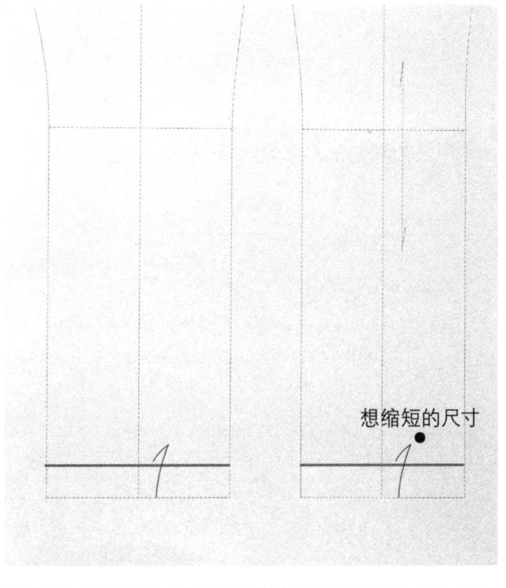

想要缩减长度时，平行沿着下摆线进行裁剪，前、后裤片的方法相同。

◎在裤长的中间处修正长度

如果裤子的膝盖处比较合身，或者不想改变整体轮廓时，可剪开裤长的中间，增加或缩减想要改变的尺寸。

基本纸型

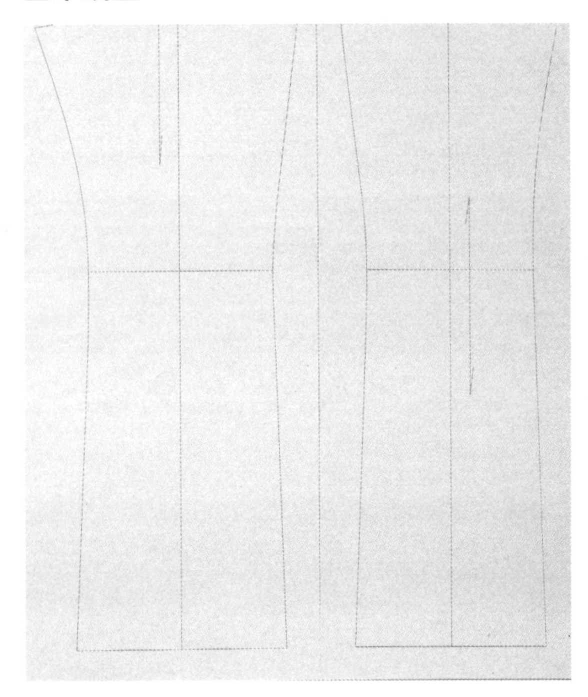

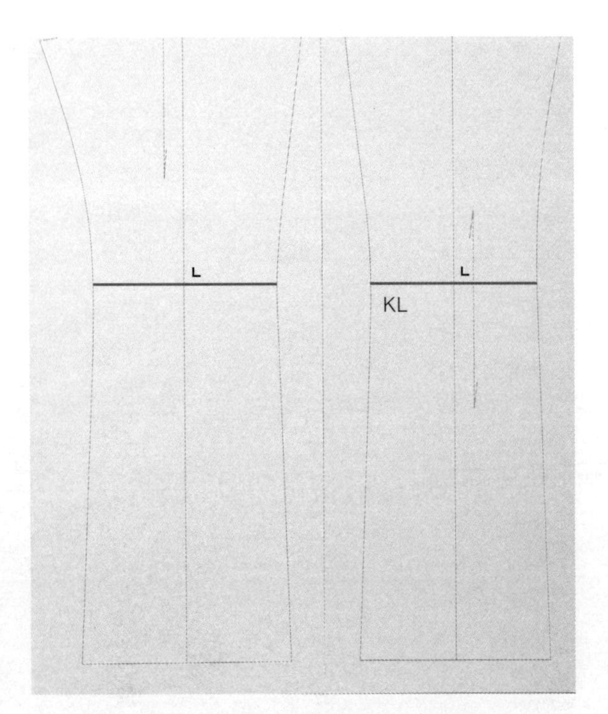

1 在KL（膝盖线）或股下线中间的附近，以纸型略往内缩处为对齐标准，画一条与布纹线垂直的线。

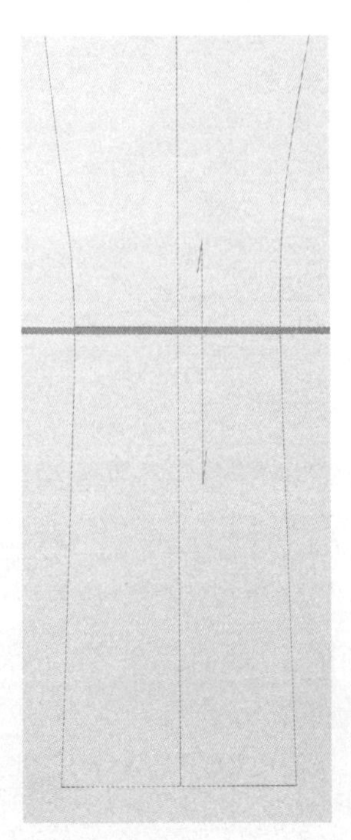

2 剪开纸型。

●增加裤长

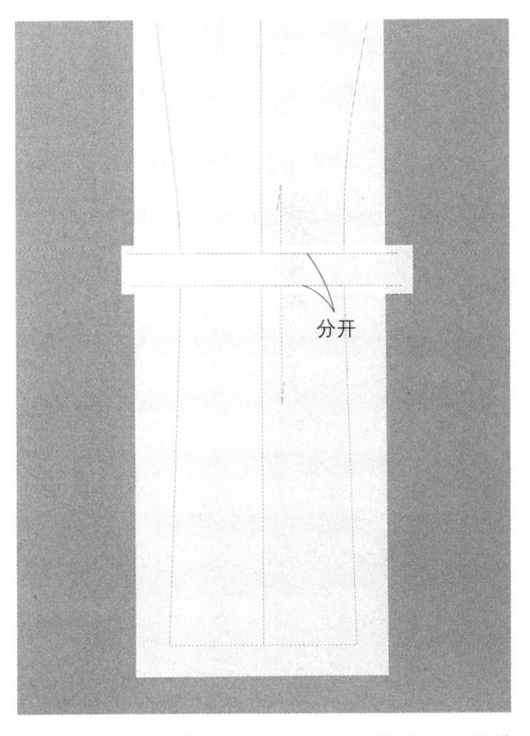

3 分隔出想要增加的尺寸，并小心防止中心线错位，再将线条补满。

4 重新绘制线条，使其能够平顺连接。前、后裤片的方法相同。

●缩短裤长

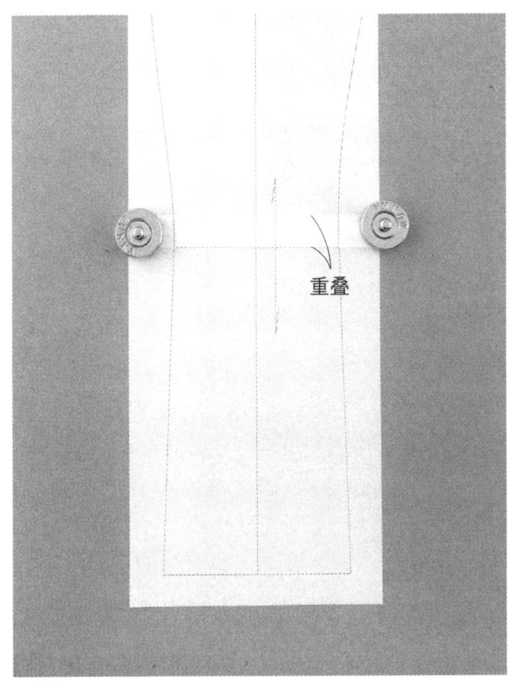

3 重叠想要缩减的尺寸，并注意不要移动中心线，再用纸镇固定。

4 重新绘制线条，使其能够平顺连接。前、后裤片的方法相同。

宽度的修正

根据想要改变的尺寸，分散各个需要修正的地方。

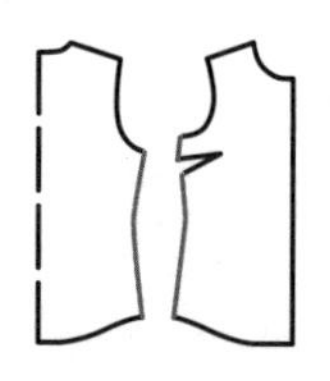

改变衣身宽及袖宽

◎利用肋边线修正衣身宽度

为了不破坏衣服的整体平衡，
可修正的尺寸以4cm为上限，要与肋边线平行进行增减。
如果想要修正的尺寸超过4cm，可在衣身宽的中间处进行修正(p.86)。
若衣服有袖子，袖宽也需要同时进行修正(p.84)。

●增加衣身宽度

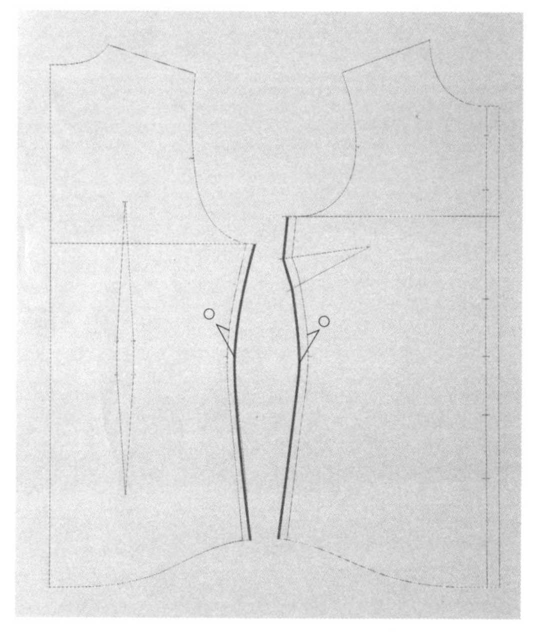

1 以全体要修正的1/4=○(最大为1cm)为长度，与肋边线平行进行增加。并事先延长尖褶线备用。

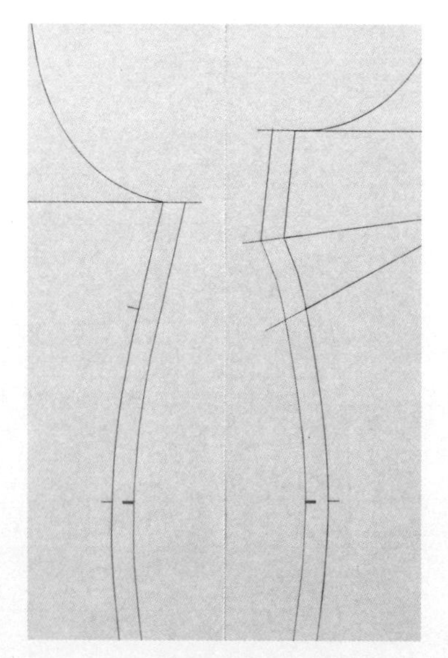

2 在腰部加入合印记号，并以合印记号为基准，确认纸型的正确度。

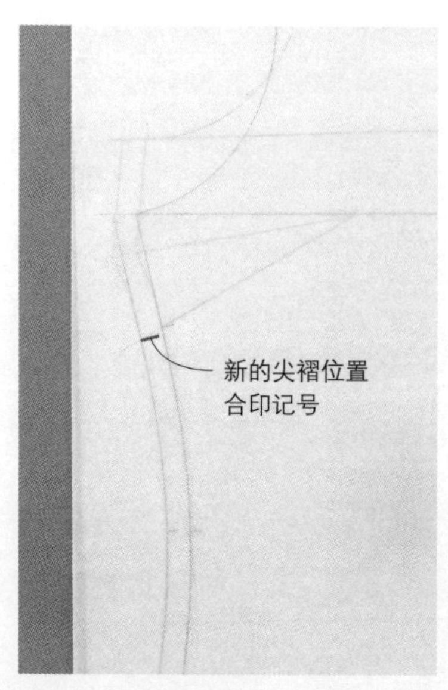

3 叠合前、后衣身的肋边线，确认尺寸。由于此案例含有尖褶，因此要在后肋边线上增加新的尖褶位置合印记号。

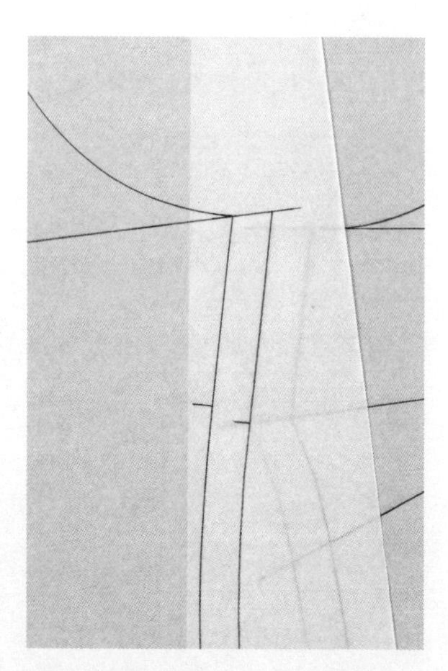

4 从尖褶开始，与上肋边线拼合对齐，确认至袖底为止的尺寸。

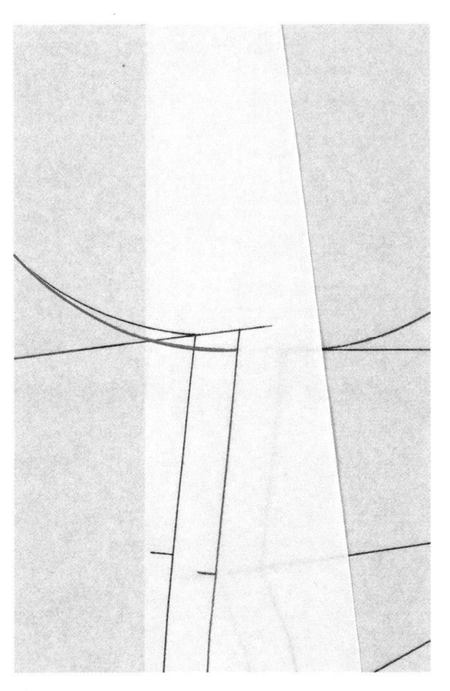

5 对齐尺寸，重新绘制袖窿线，使其能够平顺连接。

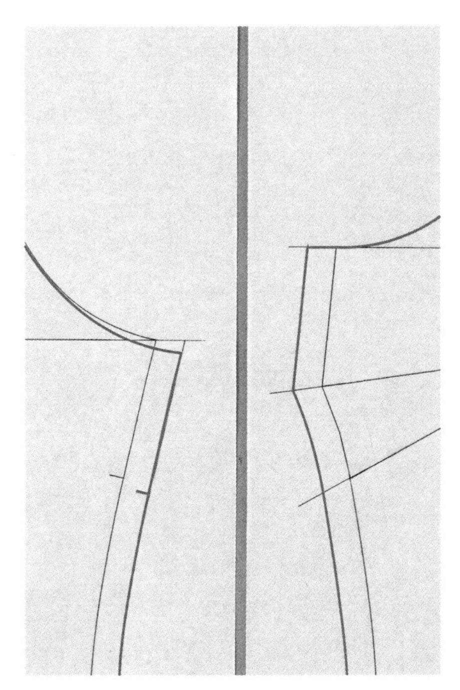

6 从袖窿线开始绘制的新肋边线。

7 同时确认从腰线到下摆的尺寸，如果无法平顺接合，需重新绘制下摆线。

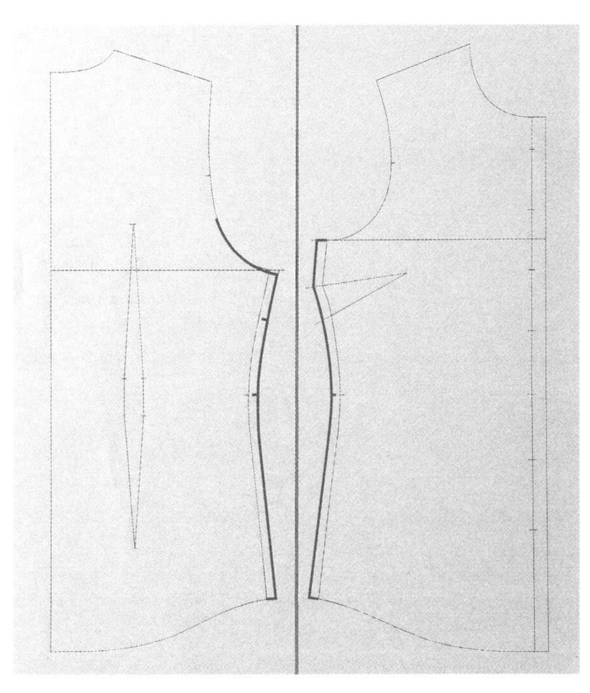

8 完成。

●缩减衣身宽度

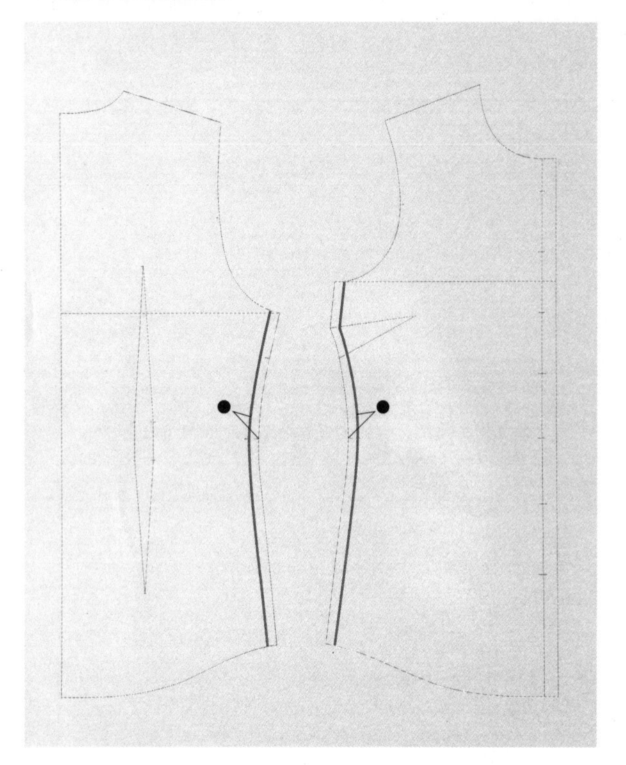

1 以全体要修正尺寸的1/4=●（最大为1cm）为长度，与肋边线平行进行裁剪。

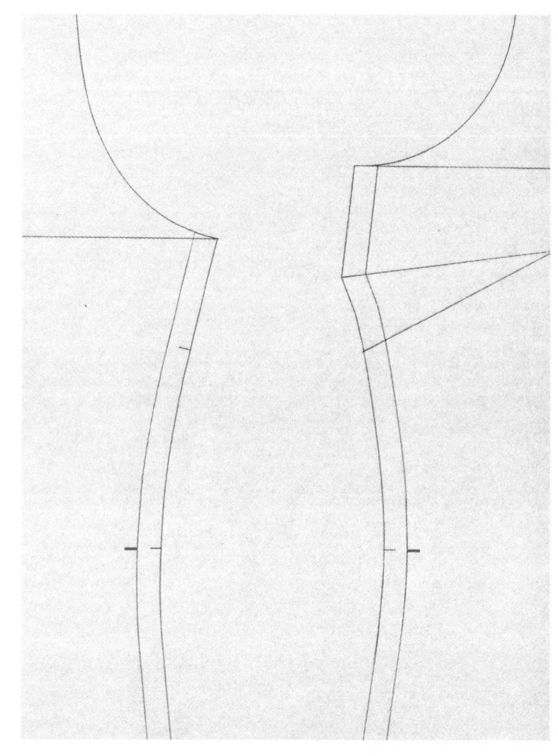

2 在腰部加入合印记号，并以合印记号为基准，确认纸型的正确程度。

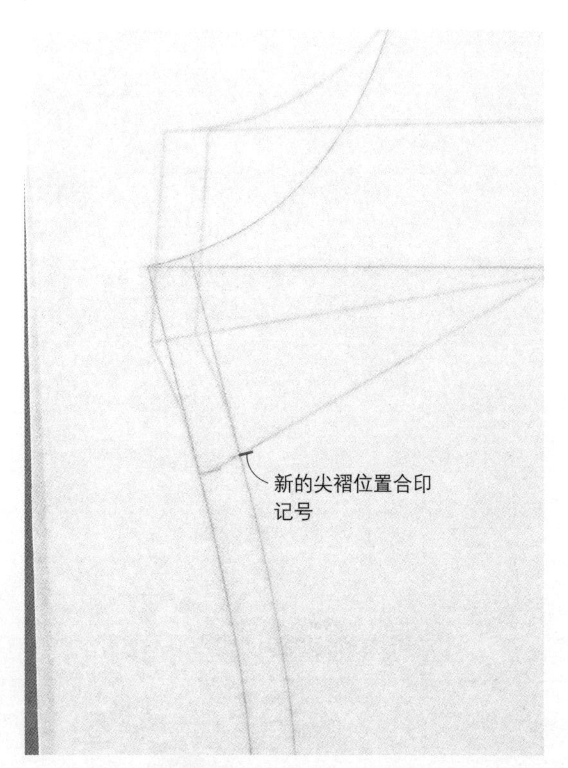

3 叠合前、后衣身的肋边线，确认尺寸。由于此案例含有尖褶，因此要在后肋边线上增加新的尖褶位置合印记号。

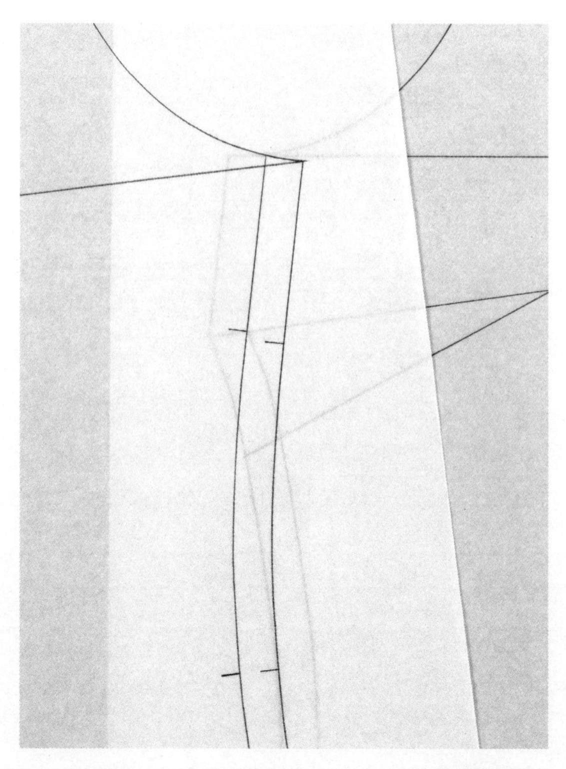

4 从尖褶开始，与上肋边线拼合对齐，确认到袖底为止的尺寸。

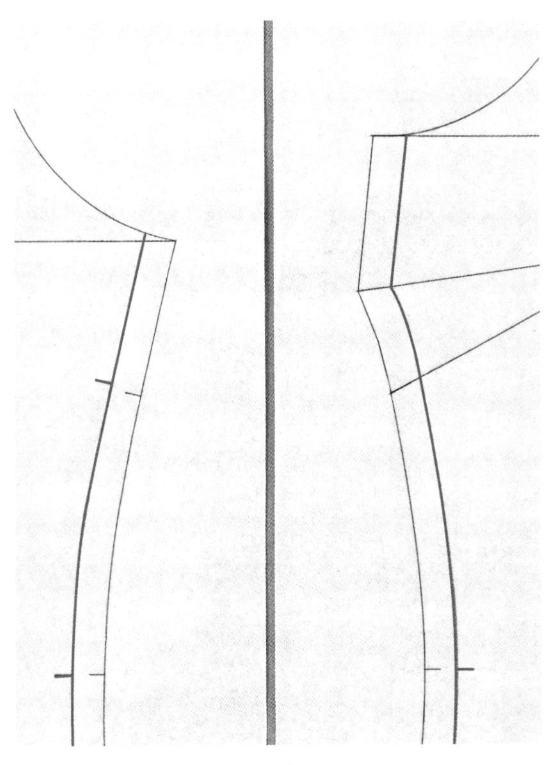

5 从袖窿线开始绘制的新肋边线。

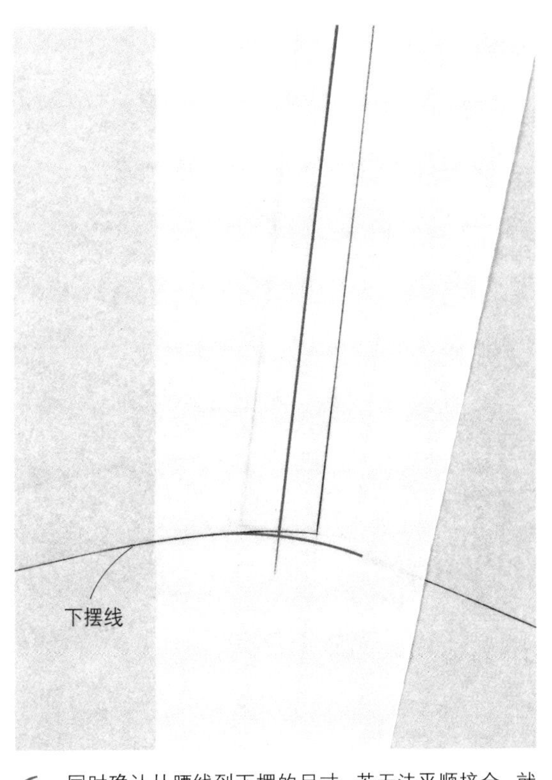

6 同时确认从腰线到下摆的尺寸，若无法平顺接合，就重新绘制下摆线。

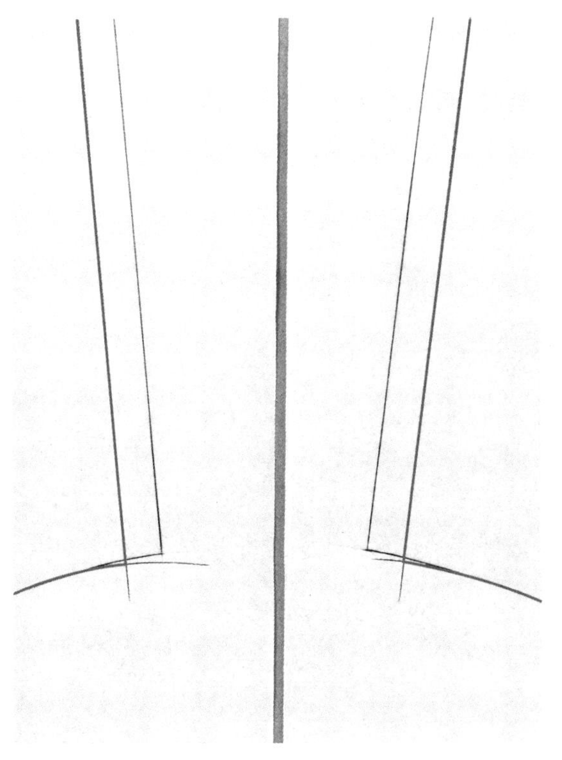

7 从下摆线开始绘制的新肋边线。

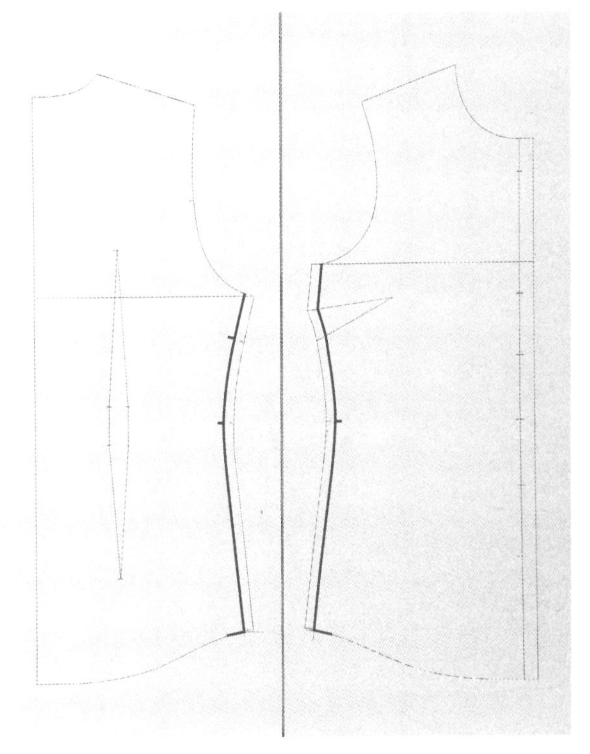

8 完成。

◎利用袖下线修正袖宽

改变衣身宽时，应同时修正袖宽。
袖口宽度应保持在衣身改变尺寸的 1/2 内，方能维持其整体平衡。

●衣身宽度增加后

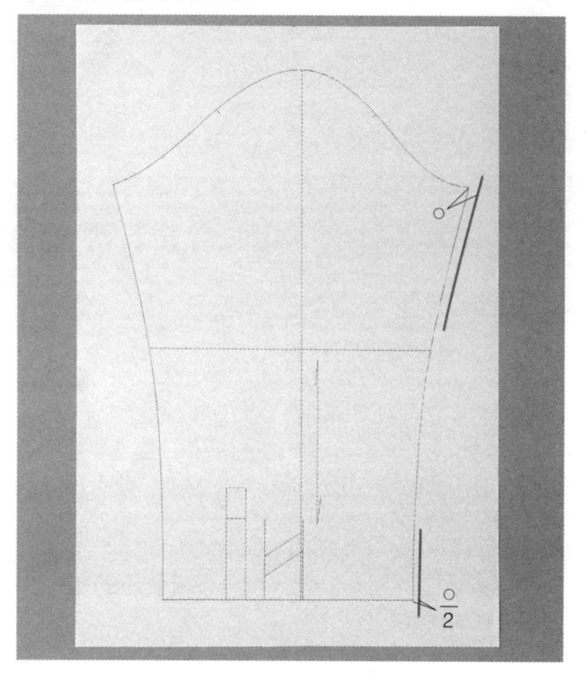

1 袖底处增加的尺寸，应为衣身宽增加尺寸(○)的 1/2，绘制出新的线条。

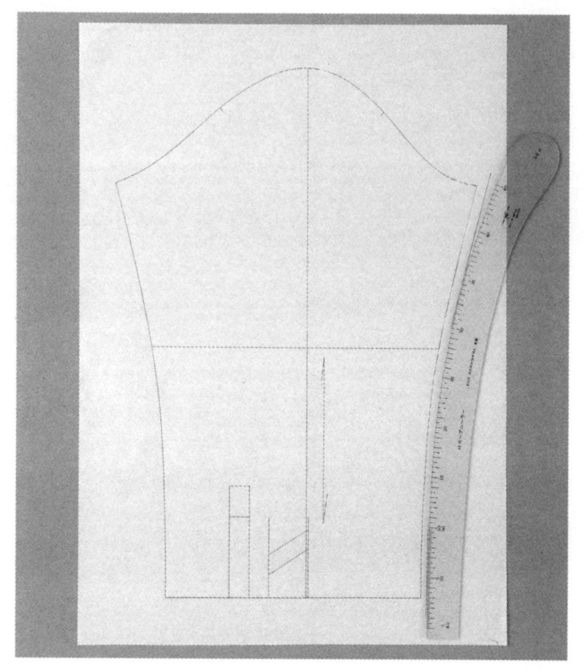

2 重新绘制该线，使其能够平顺连接。

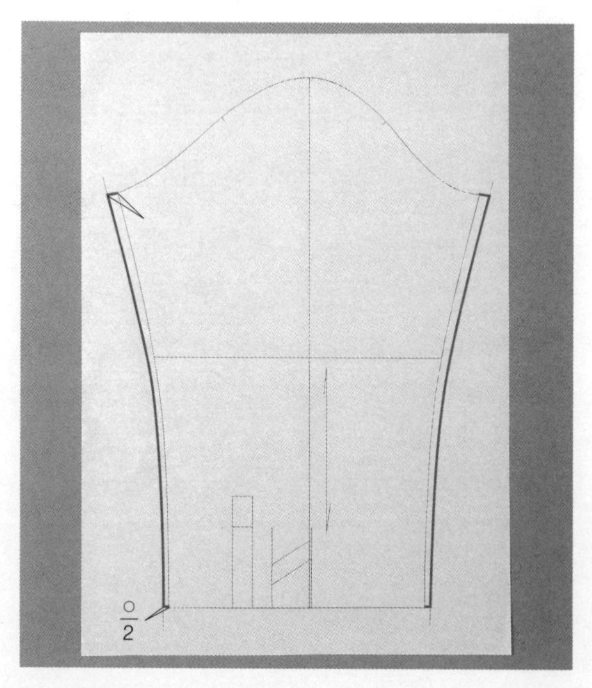

3 后侧也按相同方法处理。

●衣身宽度缩减后

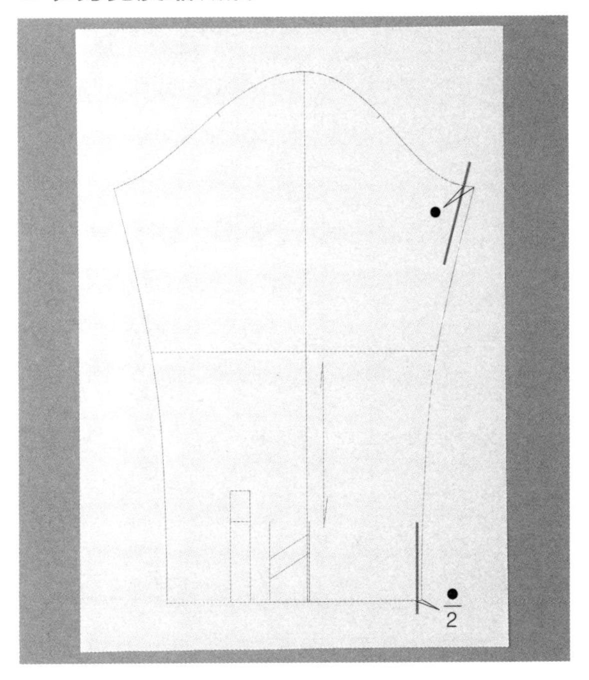

1 袖底处减少的尺寸，应为衣身宽缩减尺寸（●）的1/2，绘制出新的线条。

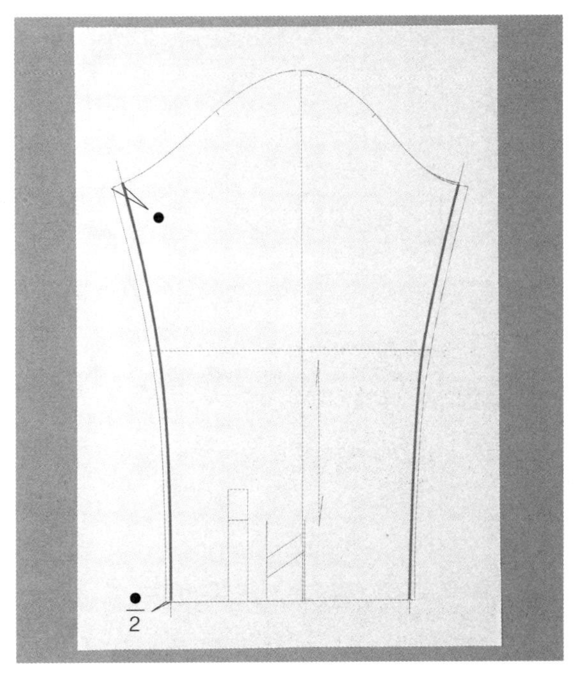

2 重新绘制该线，使其能够平顺连接。后侧也按相同方法处理。

◎在衣身宽的中间修正宽度

若想要不变动袖宽，仅修正衣身宽度，就在中间进行调整。
可修正的尺寸以2cm为上限。

※在这种情况下，肩宽也须作1cm的增减。

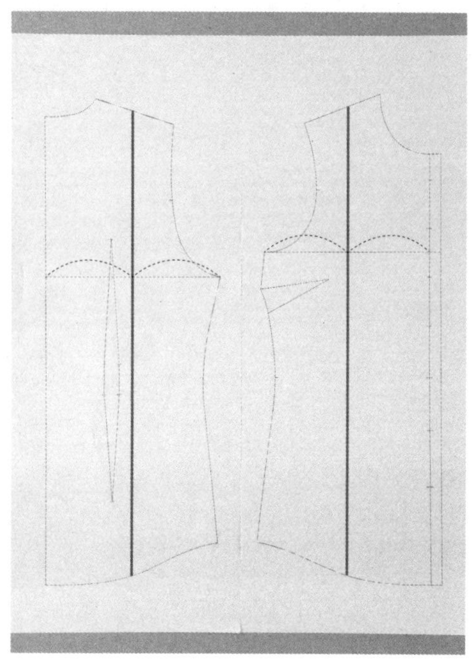

1　在衣身的中间处，画一条与布纹线平行的线。

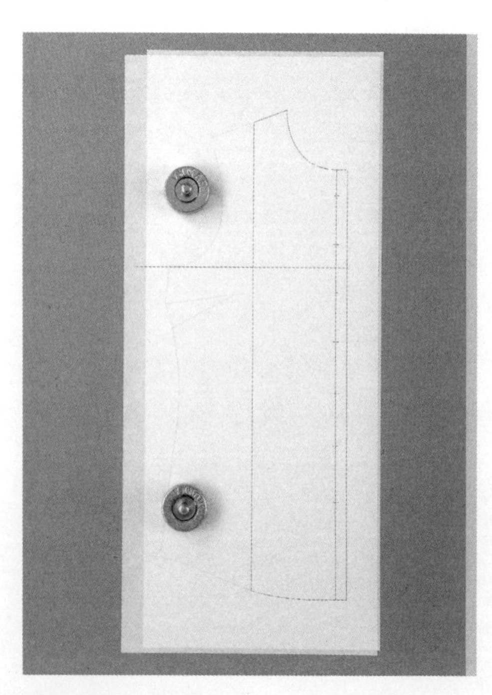

2　绘制中心侧的衣身。

●增加衣身宽度

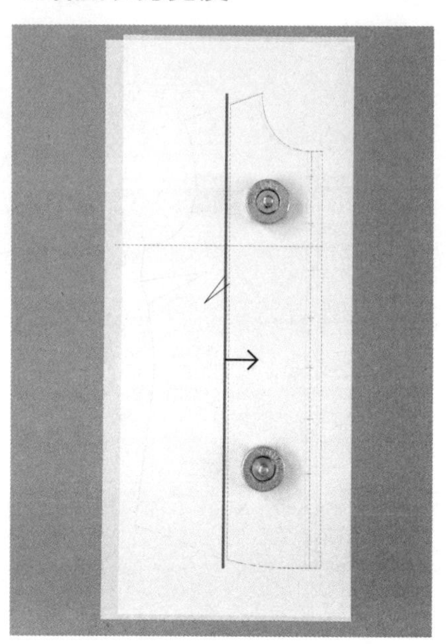

3　在该线外侧再平行地画一条线，其尺寸为整体欲增加尺寸的1/4=△（最大为0.5cm），与步骤1的线相互对齐。

●缩减衣身宽度

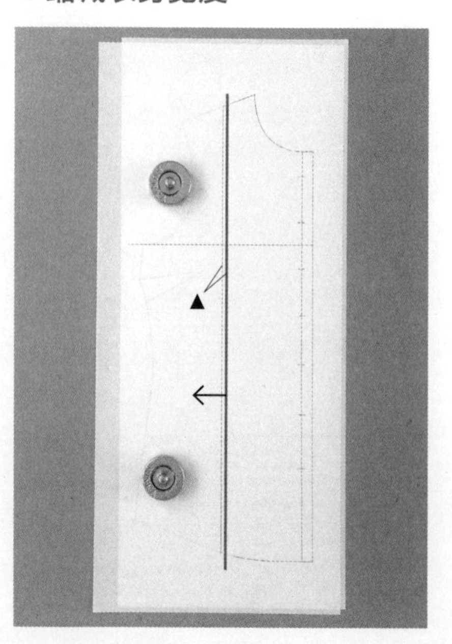

3　在该线内侧再平行地画一条线，其尺寸为整体欲缩减尺寸的1/4=▲（最大为0.5cm），与步骤1的线相互对齐。

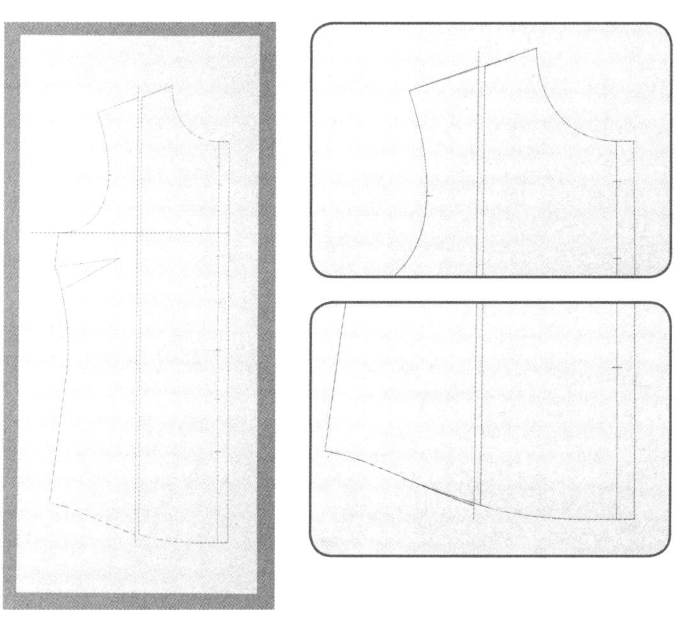

4 描绘肋边侧的衣身，重新描绘肩线及下摆线。

5 前、后片的方法相同。

4 描绘肋边侧的衣身，重新描绘肩线及下摆线。

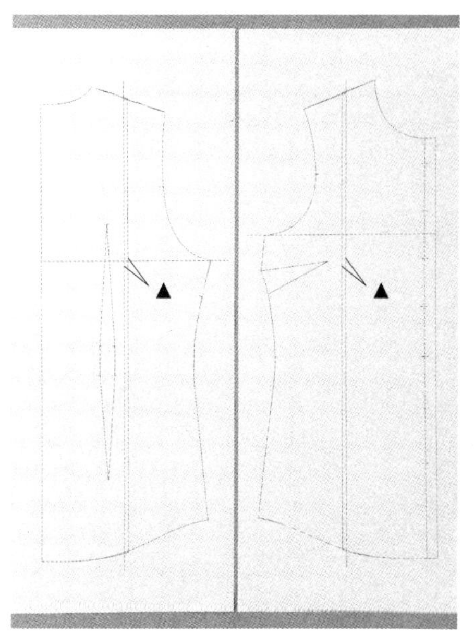

5 前、后片的方法相同。

改变裙宽

◎利用肋边线修正裙宽

为了不破坏裙子的整体平衡，可修正尺寸以4cm为上限。

方式是与肋边线平行进行增减。由于是平行地变更，因此腰围线及臀围线也必须修正相同的尺寸。

若想要修正的尺寸超过4cm，也可利用中心线来进行修正（P.89）。

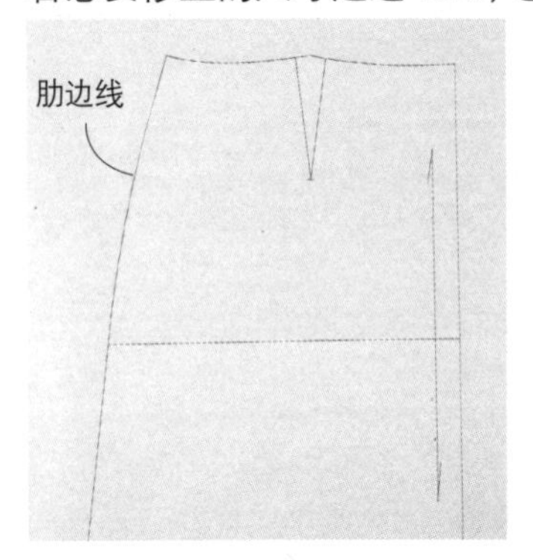

●增加裙宽

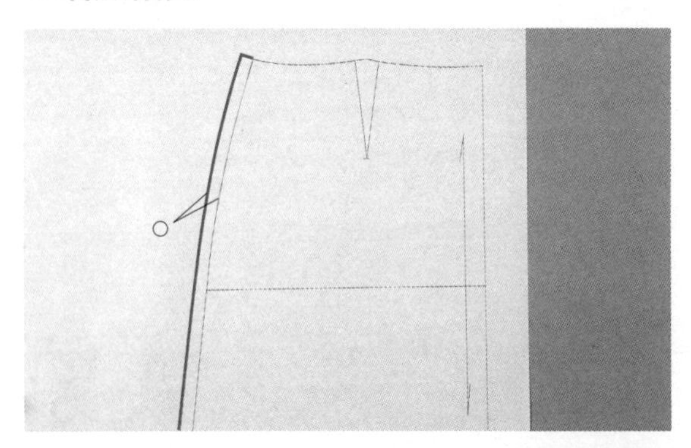

1 以全体要修正尺寸的1/4=○（最大为1cm）为长度，往外画一条与肋边线平行的线条。

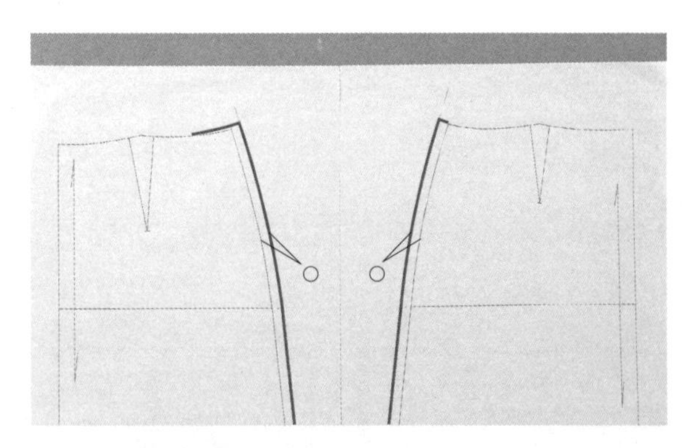

2 前、后裙片的方法相同。

●缩减裙宽

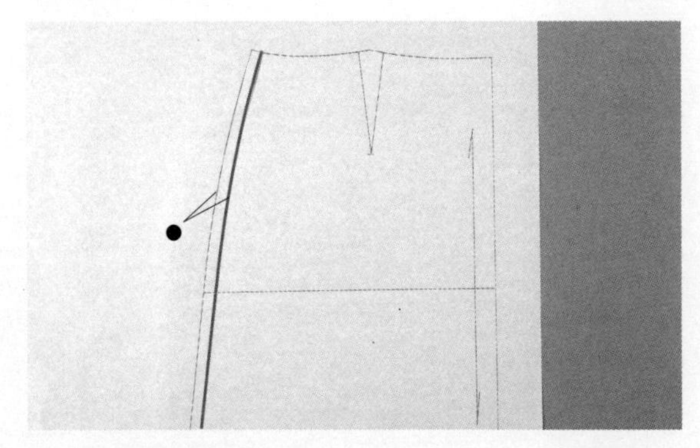

1 以全体要修正尺寸的1/4=●（最大为1cm）为长度，与肋边线平行地进行裁剪。

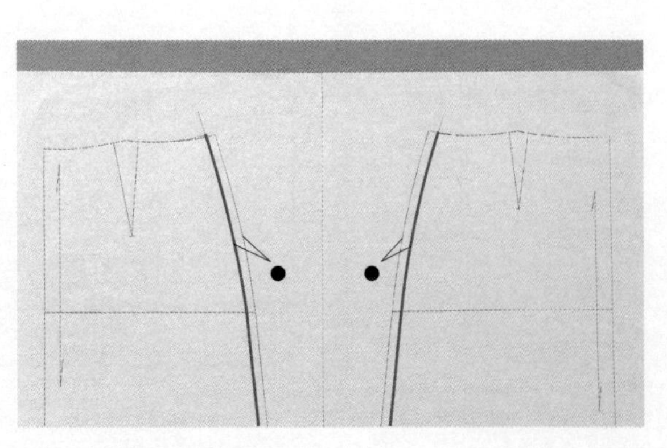

2 前、后裙片的方法相同。

◎利用前后中心线修正裙宽

利用中心线修正时，其尺寸以2cm为上限。

由于是平行地变更，因此腰围线及臀围线也必须修正相同的尺寸。

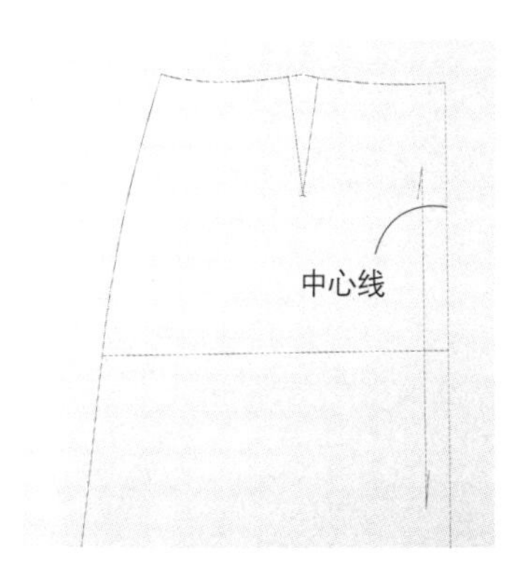

宽度的修正

●增加裙宽

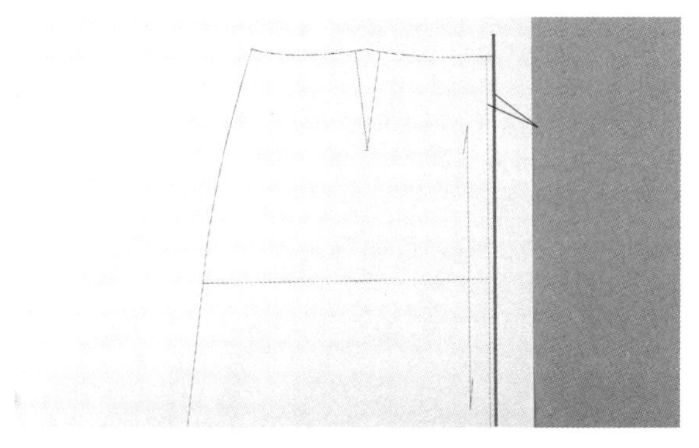

1 以全体要修正尺寸的1/4=△（最大为0.5cm）为长度，往外画一条与肋边线平行的线条。

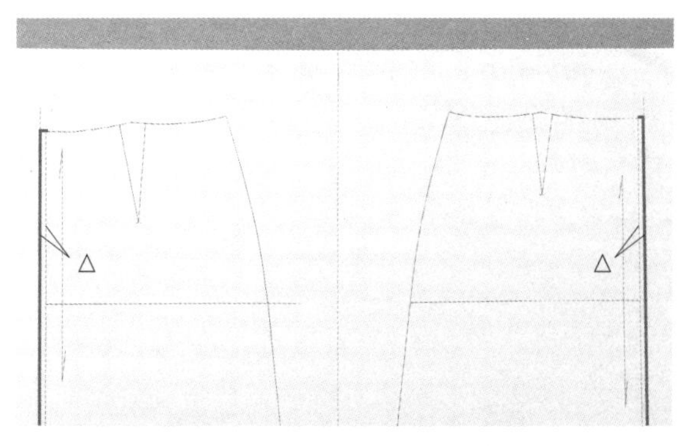

2 前、后裙片的方法相同。

●缩减裙宽

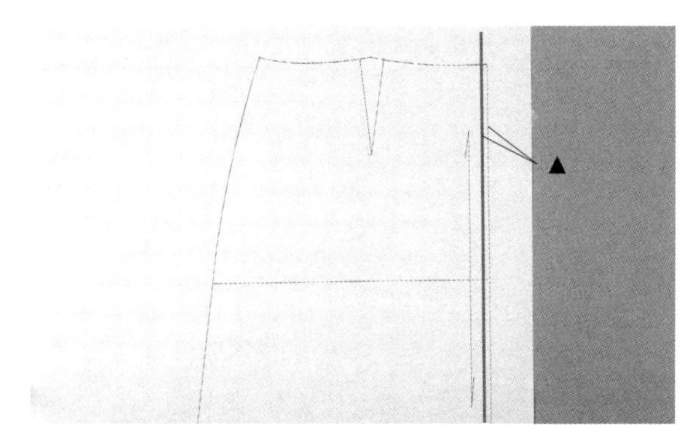

1 以全体要修正尺寸的1/4=▲（最为0.5cm）为长度，与肋边线平行地进行裁剪。

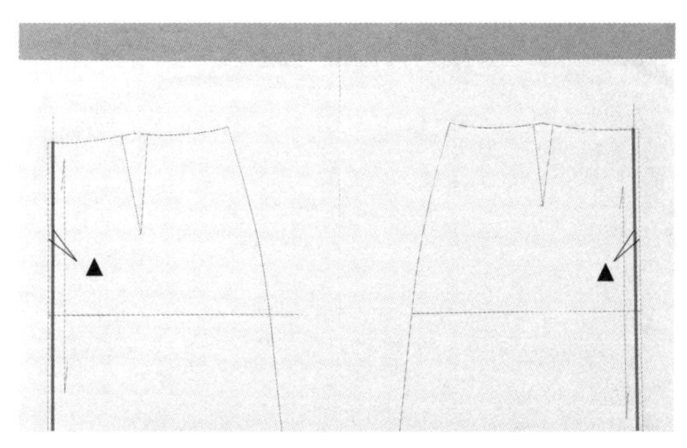

2 前、后裙片的方法相同。

只修改腰围宽度（裙子有尖褶）

若只修改腰围宽度时，可进行尖褶的增减。
由于希望修正的尺寸会分散到各条尖褶处，因此依据尖褶的数量，
整体能够修正的尺寸也将有所差异。以一条尖褶来进行增减的尺寸，
在想要增加裙宽时，上限为0.5cm；在想要缩减裙宽时，上限则为0.3cm。

●增加裙宽

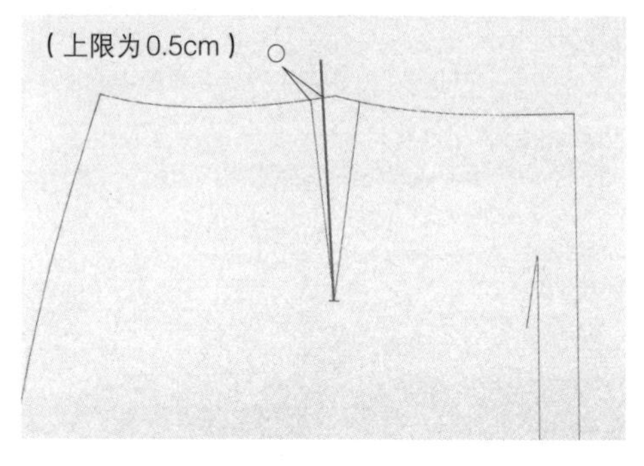

1 ○＝（整体想要增加的尺寸 ÷ 尖褶数量）减少尖褶份量。

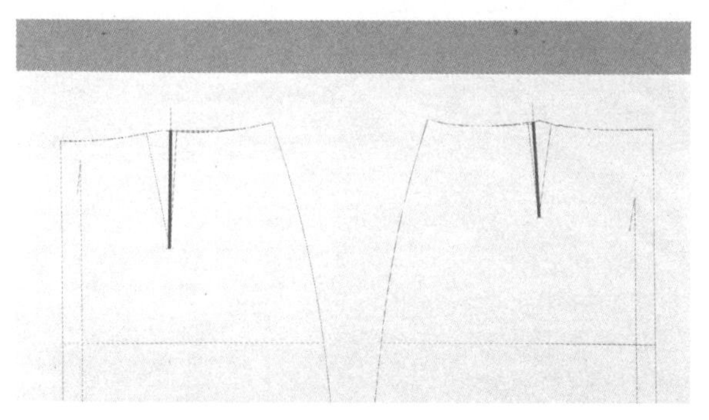

2 前、后片的尖褶，用相同方法处理。

●缩减裙宽

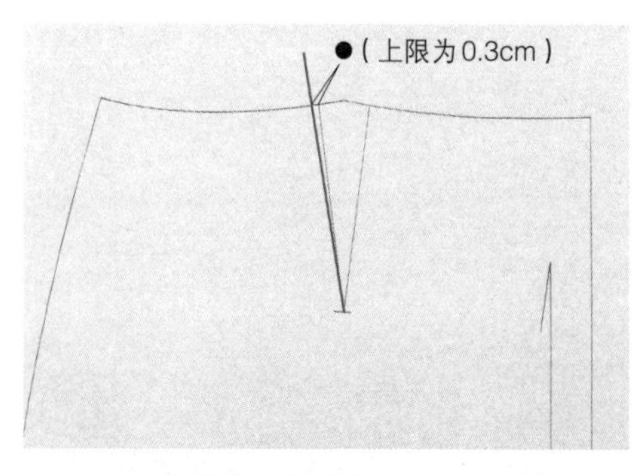

1 ●＝（整体想要缩减的尺寸 ÷ 尖褶数量）尖褶份量增加。

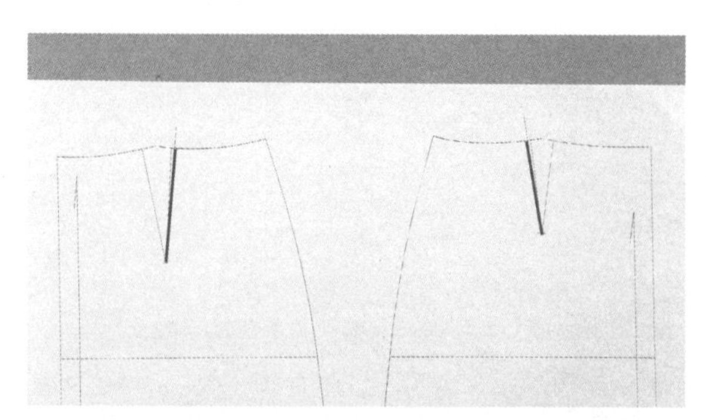

2 前、后片的尖褶，用相同方法处理。

改变裤宽

◎利用肋边线修正裤宽

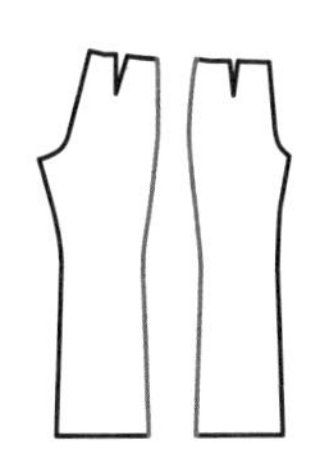

为了不破坏裤子的整体平衡，可修正的尺寸以4cm为上限，
与肋边线平行进行增减。由于是平行地变更，因此腰围线及臀围线也必须修正相同的尺寸。
如果想要修正的尺寸超过4cm，也可利用裤宽的中间处进行修正(p.92)。

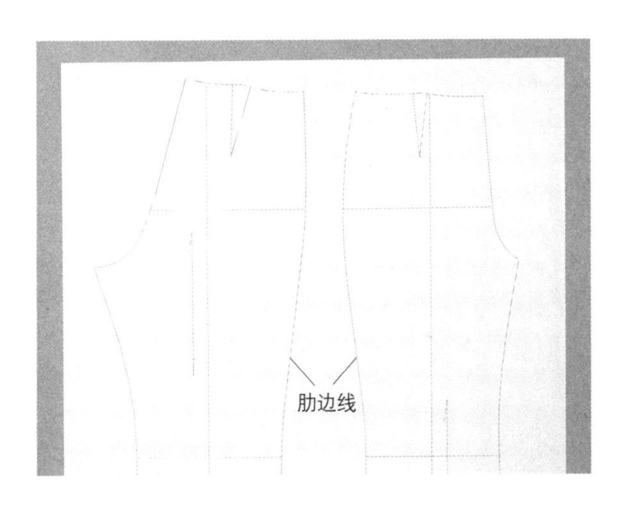

●增加裤宽

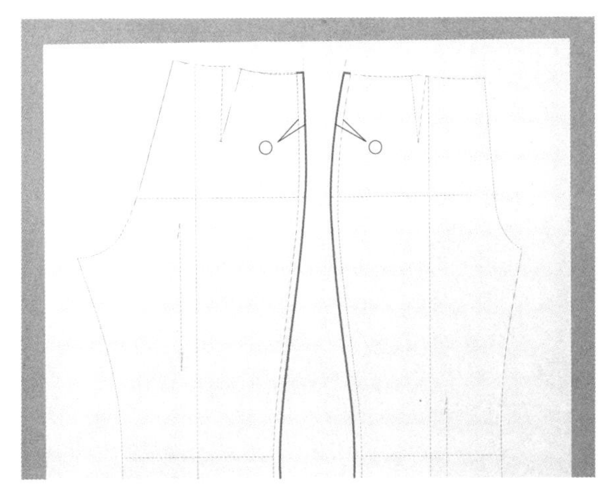

以全体要修正尺寸的1/4=○(最大为1cm)为长度，往外画一条与肋边线平行的线条。
前、后裤片的方法相同。

●缩减裤宽

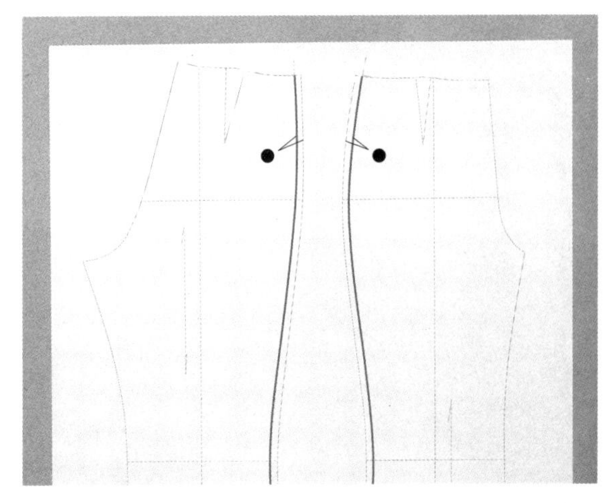

以全体要修正尺寸的1/4=●(最大为1cm)为长度，与肋边线平行地进行裁剪。前、后裤片的方法相同。

◎在裤宽的中间修正宽度

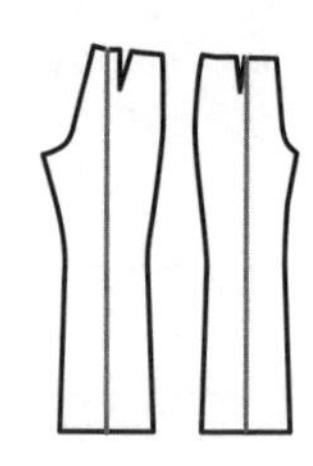

在裤宽中间修正时，可修正的尺寸以2cm为上限，
由于是平行地变更，因此腰围线及臀围线也必须修正相同的尺寸。

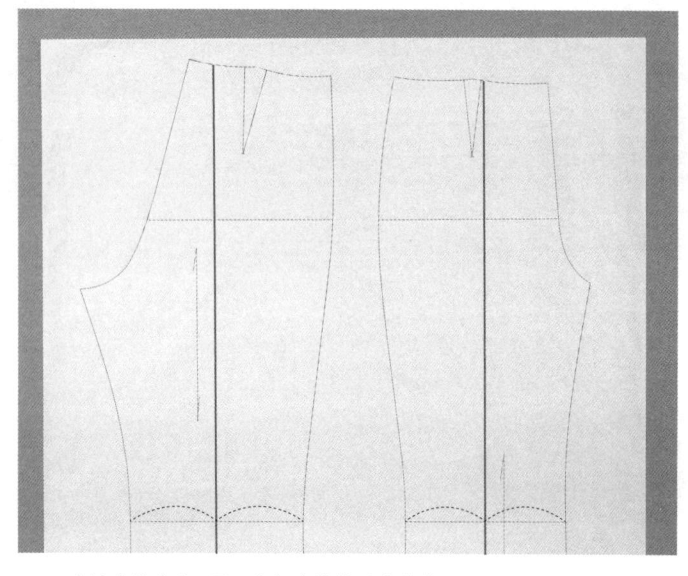

1 在裤宽的中心，画一条与布纹线垂直的线。

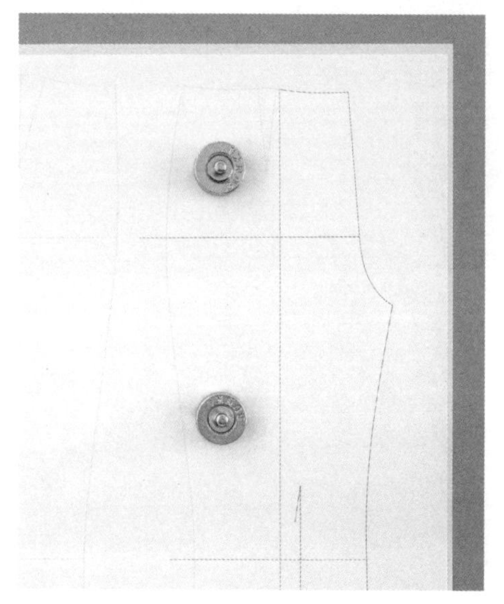

2 绘制中心侧的纸型。

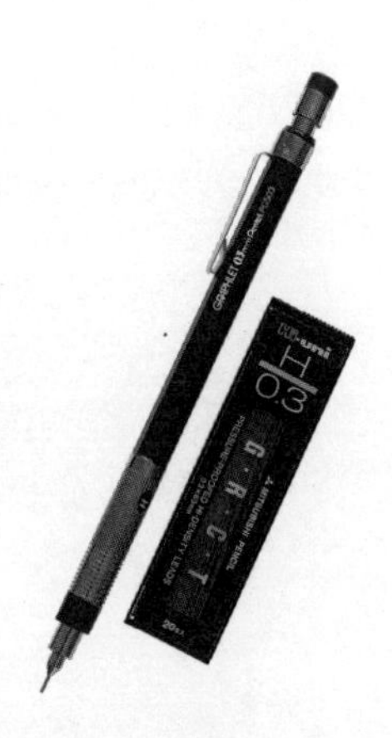

◆ 0.3mm 自动铅笔

笔芯粗0.3mm、适合描绘制图的自动铅笔。可描绘更精确的线条，适合制作和修正纸型。

●增加裤宽

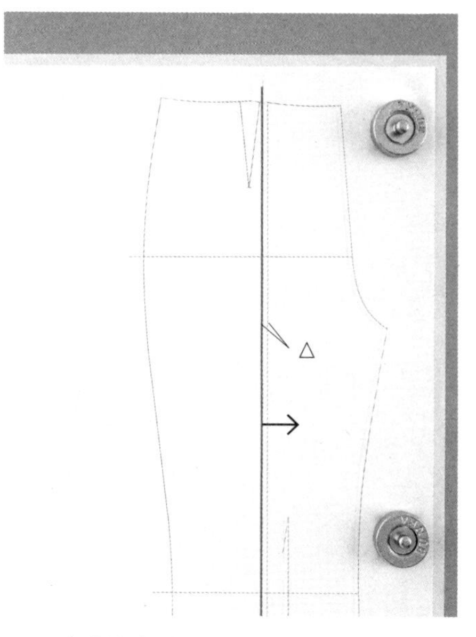

3 在该线外侧再平行地画一条线，其尺寸为整体欲增加尺寸的1/4=△（最大为0.5cm），与步骤1的线条相互对齐，再描绘肋边侧的纸型。

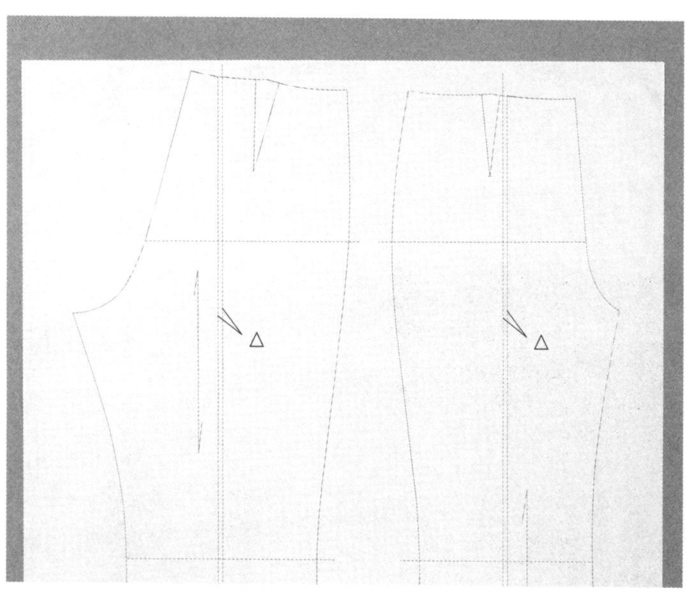

4 前、后裤片的方法相同。

●缩减裤宽

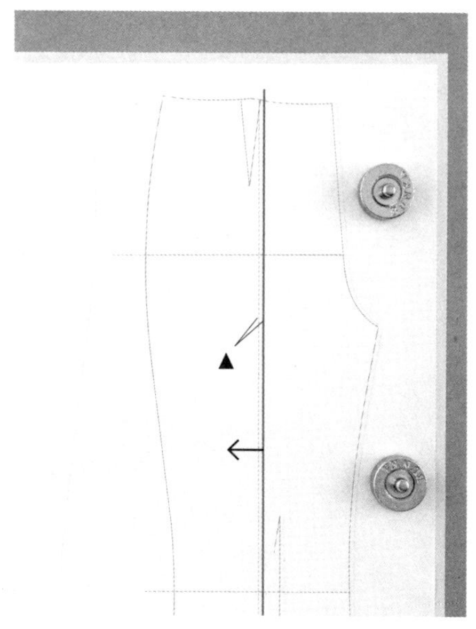

3 在该线内侧再平行地画一条线，其尺寸为整体欲缩减尺寸的1/4=▲（最大为0.5cm），与步骤1的线条相互对齐，再描绘肋边侧的纸型。

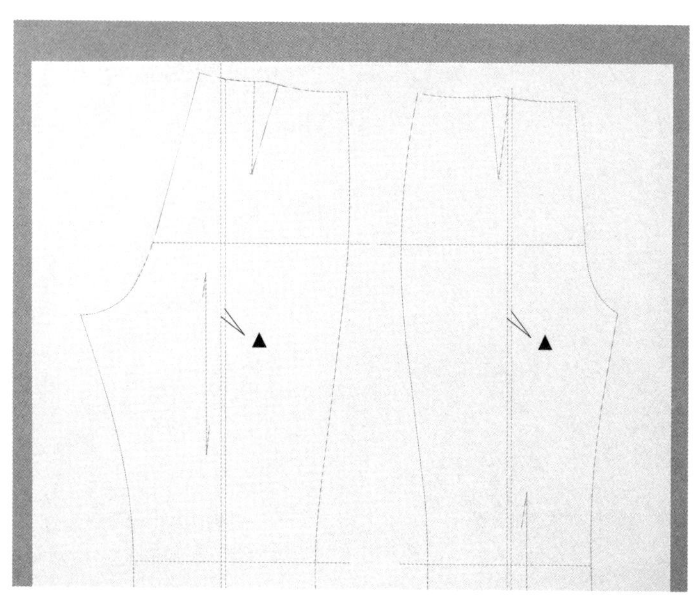

4 前、后裤片的方法相同。

BUNKA

BUNKA